ま　え　が　き

　一般財団法人建設業振興基金が実施する建設業経理士検定試験（旧建設業経理事務士検定試験）は，昭和56年の第１回目の試験から，建設業における経理会計の知識の普及，また会計担当者の能力の向上を図ることを目的にして毎年実施されている。合格者は建設業において経理知識に関する一定の知識を持つ者として，その能力を認定することが平成６年以降建設省（現：国土交通省）からも認められ，各企業内において経理に関する重要な任務を担当することになった。

　同時に平成６年から，２級以上の有資格者の数が公共事業の入札に係る経営事項審査の評価対象になることとなり，建設業界の中では経理担当者のみならず業界全体で多くの関係者がこの試験を目標とすることになった。

　また，平成18年４月の法令改正により，建設業経理事務士の１級と２級が「建設業経理士」と名称が改められ，それぞれ「１級建設業経理士」「２級建設業経理士」として新たな称号が与えられることになった。

　このような経緯の中で，この試験を目指す多くの方々から，直近の試験問題と詳細な解答，解説の付いた過去問題集が欲しいという要望があったため，僭越であるが弊社で本書を発行することにした。

　本書は，過去10回の試験で出題された問題を基本にし，解答と解説を現行の会計に関連する法規，会計基準を参考にして掲載している。さらに，最近５回の出題傾向を一覧表にすることによりその内容を分析し，どのような問題が出題されているかを明らかにしている。また，級別の出題区分表や勘定科目表，財務分析主要比率表も収録し，各級の受験にあたり万全の対策が可能となるように内容を構成したつもりである。

　受験者各位が本書を大いに活用して，建設業経理に関する造詣を深め，願わくは目標とする各級の試験に合格し，この受験に際して身に付けた知識を，その業務の中で大いに活用していただきたいと思う。

　令和６年５月

編　者

建設業経理事務士検定試験のご案内

◆◆試　験　日◆◆

毎年3月上旬

◆◆申込受付期間◆◆

毎年11月頃

◆◆問い合わせ先◆◆

一般財団法人建設業振興基金

経理試験課

〒105−0001　東京都港区虎ノ門4−2−12

☎　03−5473−4581

URL　https://www.keiri-kentei.jp/

CONTENTS

目　　次

まえがき

建設業経理事務士検定試験のご案内

出題傾向分析と合格のための学習方法

過去5年間（第38回〜第42回）の出題内容の分析

各問題例の傾向とその対策

建設業経理事務士検定試験要領

　　出題区分表

　　級別勘定科目表

問　題　編

CONTENTS

解答・解説編

出題傾向分析と合格のための学習方法

　本年度も日程通り，建設業経理事務士３級の試験は，実施されるものと予想される。この試験も，ここまでに相当の回数を重ねて現在に至っている。建設業界では，公共入札に関する経営事項審査のためという位置付けで注目された試験であったが，現在は，検定試験の本来の意味合いとして業界における経理会計の知識の普及に大きく貢献しているようである。

　経営事項審査の評価対象が２級以上の合格者ということもあり，多くの受験生が充分な知識がないまま２級から受験しているという実情がある。しかし，実際の受験は３級から行うべきであり，３級の基本的知識のないまま２級を受験するというのは，無謀な受験方法である。

　建設業経理事務士３級は，経理会計の知識がほとんど無いという方が受験者の多くを占めているはずであり，試験本来の意味として経理会計を正しく学び，その基礎力が試される内容が出題されている。ただ，出題問題やその傾向について安易な見方をすれば，その出題傾向は非常に偏ったものであると考えることができる。しかし，これも経理会計，特に工業簿記を中心とした知識の基本的な理解がなされているかどうかを点検するためには，非常に明解な内容であると考えて差し支えない。ただ注意しなければいけないことは，本書を用いて過去における出題分析のみを行い，出題されるであろう問題だけを繰り返し練習する，合格のためだけの学習は避けてほしい。これは，試験合格者には一定レベルの知識があることを試験そのものが保証しているからであり，合格イコール適度な知識を持つ者という，この試験本来の目的が失われてしまうからである。

　特に，この建設業経理というのは，簿記における工業簿記に関する知識を基礎知識として必要としている。この工業簿記の正しい知識を身に付けるためには，段階的に簿記の基礎からの学習が必要不可欠である。このためには，商業簿記を理解するような入門書からの学習が正しい受験対策である。このように説明すると，３級の建設業経理事務士を受験するというのは相当量の学習を必要とするような印象を受けるが実際は，それほど大きな労力を必要とするわけではない。

　このようなことを踏えながら，建設業経理の基礎的な知識の吸収に務め，さらにこの試験に合格するまでにどのような受験対策をすべきであるか，次のような手順で学習を各自進めてほしい。

（基礎知識の吸収）

　本書は，過去10年分の実際に出題された本試験の問題をそのまま収録したものである。したがって，本書を利用しただけでは，建設業において行われている経理会計，とりわけ工業簿記の基本的知識を身に付けることはできない。基本的な知識は，建設業経理事務士3級のための基本書を参考にして，きちんと身に付けてほしい。工業簿記一般のテキスト類でもかまわないが，ここは建設業という業種に限定した参考書の方が効率の良い学習ができると思われる。

（受験の対策）

　基礎的な知識がある程度身に付けば，そのままもう少しレベルの高い2級の学習内容を勉強することもでき，受験にあたっては3級と2級の併願をすることも可能である。

　ただ3級を受験するということになれば，この時にはじめて本書が大きな役割を果たすことになる。最近10年間にどのような問題が実際に出題されているのか，また第1問から第5問までの過去における傾向のようなものも本書を利用することにより明確になると思われる。どのような問題が繰り返し出題されているか，第1問から第5問までの個々の傾向も明らかになるはずである。

（合格のための戦略的学習）

　建設業経理事務士3級の試験を受験するに際して，必ず克服しておかなければいけない学習項目がある。これは，期中取引を集計させるための第3問（30点満点）の試算表の作成問題と第5問に出題される精算表の作成問題（28点満点）である。この2つの問題に正解，もしくは正解に近い解答を導き出せば，容易に合格点を得ることができる。これらの問題の解法テクニックは，経理会計ではオーソドックスな手法により身に付けることができるので，繰り返し解答のための練習をすることを勧める。

　第3問の試算表を作成する問題も，第5問の精算表を作成する問題も，難易度が高いのではなく，集計作業と呼ばれる簿記独特のテクニックを身に付ければ良い。

　この第3問の試算表を作成する問題や第5問の精算表を作成する問題は，それぞれの解答を作成するテクニックのようなものがある。第3問の試算表は，本書の解説に示されている各取引の仕訳を自らの手で計算用紙に仕訳して，それを各勘定科目ごとに集計すれば容易に完成させることができる。第3問を克服するためには，この計算用紙における仕訳とこれを迅速に集計するための計算力が要求される。

　また，第5問も同様であるが，決算整理事項を直接解答用紙の精算表の整理記入欄に書き込むのではなく，まず計算用紙に個々の仕訳をきちんと仕訳して，これを解答欄に移記していかなければならない。両問とも簡単な解法テクニックが後述されているので参考にしてほしい。

過去5年間（第38回～第42回）の出題内容の分析

問題 ＼ 回数	第38回	第39回	第40回	第41回	第42回
〔第1問〕 仕　訳 (20点)	(1) 建物改修費等 (2) 手形裏書による材料の購入 (3) 掛仕入材料の返品 (4) 未払代金の支払 (5) 当期純利益の振替	(1) 有価証券の売却 (2) 未成工事受入金の入金 (3) 約束手形の裏書譲渡 (4) 完成工事未収入金の貸倒 (5) 現金過不足の決算時の振替	(1) 固定資産の付随費用 (2) 有価証券の売却 (3) 工事完成時の処理 (4) 社会保険料の納付 (5) 定期預金の満期継続	(1) 仮払金の精算 (2) 未成工事受入金 (3) 外注費の計上 (4) 資本的支出 (5) 完成工事原価の振替	(1) 完成工事引渡 (2) 材料購入 (3) 当座借越発生 (4) 不良材料返品 (5) 貸倒発生
〔第2問〕 原価計算 (12点)	完成工事原価報告書 一部推定 金額算定	工事原価計算表の推定 当月材料費等	工事原価計算表の推定 当月の完成工事原価等	完成工事原価報告書	完成工事原価報告書
〔第3問〕 試算表 (30点)	並　型	並　型	並　型	並　型	並　型
〔第4問〕 伝票・穴埋め (10点)	語句配列 減価償却総額 工事台帳 貸倒損失	語句配列 見越収益 通貨代用証券 材料費の計算	語句配列 修繕費 減価償却の記帳方法 材料の消費単価	語句配列 現金勘定 減価償却総額 営業収益	語句配列 受取利息の属性 資本的支出 回収見込額
〔第5問〕 精算表 (28点)					
(1) 貸倒引当金 （差額補充法）	○	○	○	○	○
(2) 有価証券の評価損	○	○	○	○	○
(3) 減価償却費の計上	○	○	○	○	○
(4) 未成工事支出金	○	○	○	○	○
(5) 前払費用	×	×	○	○	○
(6) 未払費用	○	○	×	○	○
(7) 前受収益	×	×	×	×	×
(8) 未収収益	○	×	○	×	×
(9) その他	－	－	現金過不足	－	現金過不足

※　並　型：Ｔ／Ｂ→日々の取引→合計残高試算表
　　要約型：1か月分の取引の種類別金額→合計試算表

各問題例の傾向とその対策

〔第1問〕

　第1問は，基本的な仕訳に関する問題が5題（20点満点）出題される。これらの出題傾向は明確であるため，出題が予想される問題は容易に把握することができる。ただ仕訳問題5題のうち1題は，新傾向の内容が出題されることがあるので，ここまで完璧な対策をするとなるとかなり広い範囲での学習対策が必要であろう。

　（過去における主な出題項目）

　　1．小切手，また手形振出，回収による取引
　　2．完成工事未収金の回収不能
　　3．工事出来高報告書の受取り
　　4．固定資産，建設用資産の購入取引
　　5．事業主貸（借）勘定
　　6．その他

〔第2問〕

　第2問は，原価計算表，または未成工事支出金勘定の作成に関する問題が12点満点で出題される。第2問は，複数の請負工事が行われていることを前提にして，各工事別の原価を個々に集計させて原価計算表を作成させるか，あるいは各原価要素を各々集計させて未成工事支出金勘定を作成させることが，その出題傾向である。

　ここでは，工事別あるいは原価要素別の集計作業が解法テクニックであるために，相当量与えられている資料の中から個々に原価を集計する力を養ってほしい。

　（出題の傾向）

　　パターンA　　工事別原価計算表の作成……過去多く出題されている
　　パターンB　　未成工事支出金勘定の完成……最近はこちらの出題が一般的

　また最近は，上記のパターンA，Bとは別に個別的な問題として，同じ資料から単問で一定の金額を求めさせる問題も出題される。しかしこれも，上記の原価を集計する作業の中で求められる金額であり，特にその内容や傾向を意識する必要はない。

〔第3問〕

　第3問の出題傾向は明確である。毎回30点満点で試算表を作成させる問題が出題される。期中取引10～15日分を合計額で集計させる問題であり，集計力の有無を問う内容である。個々の取引内容は，比較的平易なものが多い。この問題の克服は，仕訳力よりも仕訳を集計するための作業能力を身に付ける点にある。

（解法のテクニック）
　　▷第1段階…期中取引を計算用紙に丁寧に仕訳する。
　　▷第2段階…解答欄に仕訳合計を集計する前に，上記の期中取引の仕訳金額を合計
　　　　　　　し，貸借一致と合計金額を事前に求めておく。
　　▷第3段階…各勘定科目ごとに仕訳金額を集計していく。
　　▷第4段階…当月取引高欄の合計額と，上記第2段階で求めた計算用紙上の仕訳金
　　　　　　　額は一致するので，これを確認する。
　　▷第5段階…上記の確認ができたら解答欄の貸借両端の合計欄を作成する。

〔第4問〕

　毎回3伝票制を前提にした10点満点の問題が出題される。

　問題として処理を要求されるのは，単純な取引であり，高度な取引ではない。ただ，特徴があるのは，仕訳の借方ないし貸方に2つの勘定科目が用いられている点である。この勘定科目が2つになっている点に着目して，取引を2つに分解し，それぞれ異なる伝票に記入しなければならない。

　伝票は3種類あることと，取引を2つに分解したことを落着いて考えて3種類の伝票のうちいずれの2種類を用いるのかを考えてほしい。

　（解法のテクニック）
　　　手順①…問題の取引をまずそのまま仕訳してみる。
　　　手順②…2種類の伝票を考慮してひとつの仕訳を2つに分解してみる。
　　　手順③…上記②を考慮して，記入される伝票と使用する勘定科目，金額を考える。

〔第5問〕

　第5問は，精算表が出題される。精算表は簿記における独特の計算表である。作成そのものは何度か練習すれば短時間で正確に作成できるようになる。特に自分で解答欄に金額を入れながらの作成練習をすることが重要である。

　作成の準備としてまず計算用紙に各自仕訳を行ってから，この仕訳をひとつずつ精算表整理記入欄へ移記して，これを集計することを習慣付けてほしい。また作成時には，精算表中の残高試算表から貸借対照表までの金額の移動にあたり，各金額を記入すべき解答欄を誤らないように注意することも重要である。

　（出題される決算整理事項）
　　1．貸倒引当金
　　2．有価証券の評価
　　3．減価償却費の計上
　　4．未成工事支出金の計上
　　5．経過勘定項目
　　6．その他

建設業経理事務士検定試験要領

　財団法人建設業振興基金では，建設業経理事務士検定試験の出題区分表，級別勘定科目表，財務分析主要比率表を発表しています。

① 出　題　区　分　表：建設業経理事務士検定試験問題は，出題区分表に基づき作成されます。

② 級 別 勘 定 科 目 表：各級に用いられる勘定科目の典型的なものを例示したものです。なお，区分欄の，資産系統，負債系統，資本系統，収益・利益系統，費用・損失系統，工事原価系統，その他の分類は，学習上の便宜に供するためのものです。

③ 財務分析主要比率表：建設業経理事務士検定試験問題のうち，財務分析に係る問題については，主として財務分析主要比率表により出題します。

出 題 区 分 表（3級・4級）

　建設業経理士検定試験・建設業経理事務士検定試験は，商法，会社法，建設業法などの関連法令および会計基準等を踏まえ，「出題区分表」「財務分析主要比率表」を制定し，これらを主な範囲として試験問題を出題しています。

　なお，出題範囲等については，令和5年12月1日現在で施行・適用されている関連法令等に基づくものとします。

4　級	3　級
第1　簿記・会計の基礎 　1　基本用語 　　ア　資産，負債，資本（純資産） 　　イ　収益，費用 　　ウ　損益計算書と貸借対照表との関係 　2　取引 　　ア　取引の意味と種類 　　イ　取引の8要素とその結び付き 　3　勘定と勘定記入 　　ア　勘定の意味と分類 　　イ　勘定記入の法則 　　ウ　仕訳の意味 　　エ　貸借平均の仕組みと試算表 　4　帳簿 　　ア　主要簿（仕訳帳と総勘定元帳） 　　イ　補助簿	
	5　伝票と証憑 　　ア　伝票と伝票記入 　　イ　帳簿への転記 　　ウ　証憑
第2　建設業簿記の基礎 　1　建設業の経営及び簿記の特徴 　2　建設業の勘定 　　ア　完成工事高 　　イ　完成工事原価 　　　a　材料費 　　　b　労務費 　　　c　外注費 　　　d　経　費	
	ウ　未成工事支出金 　　エ　完成工事未収入金（得意先元帳） 　　オ　未成工事受入金（得意先元帳） 　　カ　工事未払金（工事未払金台帳）
3　完成工事原価報告書 **第3　取引の処理** 　1　現金・預金 　　ア　現金 　　イ　当座預金，その他の預金	
	ウ　現金過不足 　　エ　当座借越 　　オ　小口現金

4　　　級	3　　　級
カ　現金出納帳 　キ　当座預金出納帳	
	ク　小口現金出納帳 2　有価証券 　ア　有価証券の売買 　イ　有価証券の評価
3　債権，債務 　ア　貸付金，借入金	
	イ　未収入金，未払金 　ウ　前払金，前受金 　エ　立替金，預り金 　オ　仮払金，仮受金 4　手形 　ア　手形の振出し，受入れ，引受け，支払い 　イ　受取手形記入帳と支払手形記入帳 　ウ　手形の裏書，割引 5　棚卸資産 　ア　未成工事支出金 　イ　材料貯蔵品
6　固定資産 　ア　固定資産の取得	
	イ　減価償却 7　引当金 　ア　貸倒引当金
8　収益，費用 　ア　販売費及び一般管理費 　イ　営業外損益	
	ウ　費用の前払いと未払い 　エ　収益の未収と前受け
	第4　完成工事高の計算 　1　工事収益の認識 　2　工事収益の計算
	第5　原価計算の基礎 　1　原価計算の目的 　2　原価計算システム
	第6　建設工事の原価計算 　1　建設業の特質と原価計算 　2　原価計算期間，原価計算単位
	第7　材料費の計算 　1　材料，材料費の分類 　2　材料の購入原価 　3　材料費の計算 　ア　消費量の計算 　イ　消費単価の計算 　4　期末棚卸高の計算
	第8　労務費の計算 　1　労務費の分類 　2　労務費の計算

4　級	3　級
	第9　外注費の計算
	1　外注費の分類
	2　外注費の計算
	第10　経費の計算
	1　経費の分類
	2　経費の計算
	第11　工事別原価計算
	1　個別原価計算の手続き
	2　工事台帳と原価計算表
第12　決算	
1　試算表	
2　精算表	
	3　決算整理
4　収益・費用の損益勘定への振替	
5　純損益の振替	
ア　資本金勘定への振替	
6　帳簿の締切	
ア　英米式	
	イ　大陸式
7　繰越試算表	
第13　個人の会計	
1　個人の資本金	
	2　事業主勘定（追加出資と引出し）
第14　計算書類と財務諸表	
1　計算書類，財務諸表の種類	
ア　貸借対照表	
イ　損益計算書	

級別勘定科目表（参考）

1．勘定科目は典型的なものの例示である。
2．3級の勘定科目には，4級の勘定科目が含まれる。

	4　　級	3　　級
資産系統	現金 当座預金 普通預金 貸付金 建物 備品 土地	小口現金 通知預金 定期預金 受取手形 完成工事未収入金 有価証券 未成工事支出金 材料 貯蔵品 前渡金 手形貸付金 前払保険料 前払地代 前払家賃 前払利息 未収利息 未収家賃 未収手数料 未収入金 立替金 仮払金 貸倒引当金 機械装置 車両運搬具 工具器具 構築物 減価償却累計額
負債系統	借入金	支払手形 工事未払金 手形借入金 当座借越 未払金 未払家賃 未払利息 未払地代 未成工事受入金 預り金 前受利息 前受家賃 前受地代 仮受金

	4　　級	3　　級
資本（純資産）系統	資本金	事業主借勘定 事業主貸勘定
収益・利益系統	完成工事高 受取利息 受取地代 受取家賃 雑収入	有価証券利息 受取配当金 受取手数料 有価証券売却益
費用・損失系統	完成工事原価 給料 事務用消耗品費 通信費 旅費交通費 水道光熱費 支払地代 支払家賃 雑費 支払利息	役員報酬 退職金 法定福利費 福利厚生費 修繕維持費 調査研究費 広告宣伝費 貸倒引当金繰入額 貸倒損失 交際費 寄付金 減価償却費 租税公課 保険料 雑損失 有価証券売却損 有価証券評価損 手形売却損
工事原価系統	完成工事原価 材料費 労務費 外注費 経費	未成工事支出金
その他	損益	当座 現金過不足 残高

問題編

第33回（平成25年度）検定試験

〔第1問〕 石川工務店の次の各取引について仕訳を示しなさい。使用する勘定科目は下記の＜勘定科目群＞から選び、その記号（A〜U）と勘定科目を書くこと。なお、解答は次に掲げた（例）に対する解答例にならって記入しなさい。 （20点）

（例） 現金￥100,000を当座預金に預け入れた。

(1) 取得原価￥380,000の株式を売却し、その代金￥423,000は小切手で受け取った。

(2) 当社振出しの約束手形￥530,000が支払期日につき、当座預金より引き落とされた。ただし、当座預金の残高は￥380,000である。当社は当座借越契約（借越限度額￥1,000,000）を結んでいる。

(3) 現場作業員の賃金￥286,000から所得税源泉徴収分￥23,000と立替金￥18,000を差し引き、残額を現金で支払った。

(4) 建設用機械￥1,250,000を購入し、代金のうち￥850,000は現金で支払い、残額は翌月払いとした。

(5) 現場へ搬入した建材の一部（代金は未払）に不良品があったため、￥40,000の値引きを受けた。

＜勘定科目群＞

A	現　　　金	B	当 座 預 金	C	仮 払 金
D	仮 受 金	E	工 事 未 払 金	F	未 払 金
G	有 価 証 券	H	有価証券売却損	J	有価証券売却益
K	受 取 手 形	L	支 払 手 形	M	当 座 借 越
N	給　　　料	P	立 替 金	Q	労 務 費
R	機 械 装 置	S	材 料 費	T	材　　　料
U	預 り 金				

仕　訳　　記号（A～U）も記入のこと

No.	借　　　　方			貸　　　　方		
	記号	勘 定 科 目	金　　額	記号	勘 定 科 目	金　　額
（例）	B	当 座 預 金	100,000	A	現　　　　金	100,000
（1）						
（2）						
（3）						
（4）						
（5）						

〔第2問〕　次の＜資料＞に基づき，下記の設問の金額を計算しなさい。　　　　（12点）

＜資料＞

1．平成×年9月の工事原価計算表

工事原価計算表

平成×年9月　　　　　　　　　　　　　　　（単位：円）

摘　　要	A工事		B工事		C工事		D工事	合　計
	前月繰越	当月発生	前月繰越	当月発生	前月繰越	当月発生	当月発生	
材 料 費	34,900	×××	78,300	48,900	×××	58,200	49,100	430,400
労 務 費	16,800	83,900	52,800	×××	39,700	40,300	×××	292,900
外 注 費	12,300	74,200	60,200	19,700	×××	36,400	49,100	×××
経 　 費	9,600	24,100	×××	×××	18,600	13,300	6,700	115,500
合 　 計	×××	297,600	×××	98,500	128,000	×××	×××	×××
備 　 考	完　成		完　成		未 完 成		未 完 成	

2．前月より繰り越した未成工事支出金の残高は¥427,700であった。

問1　当月発生の労務費

問2　当月の完成工事原価

問3　当月末の未成工事支出金の残高

問4　当月の完成工事原価報告書に示される材料費

問1 ￥		問2 ￥	
問3 ￥		問4 ￥	

〔第3問〕 次の＜資料1＞及び＜資料2＞に基づき，解答用紙の合計残高試算表（平成×年11月30日）を完成しなさい。なお，材料は購入のつど材料勘定に記入し，現場搬入の際に材料費勘定に振り替えている。 （30点）

＜資料1＞

合 計 試 算 表
平成×年11月20日 （単位：円）

借　方	勘 定 科 目	貸 方
803,000	現　　　　　金	580,000
2,057,000	当 座 預 金	1,603,000
1,694,000	受 取 手 形	1,482,000
1,452,000	完成工事未収入金	840,000
605,000	材　　　　　料	397,000
550,000	機 械 装 置	
456,000	備　　　　　品	
1,312,000	支 払 手 形	2,149,000
411,000	工 事 未 払 金	908,000
1,089,000	借　 入　 金	3,025,000
889,000	未成工事受入金	1,633,000
	資　 本　 金	1,000,000
	完 成 工 事 高	2,904,000
2,028,000	材　 料　 費	
1,381,000	労　 務　 費	
898,000	外　 注　 費	
505,000	経　　　　　費	
317,000	給　　　　　料	
48,000	通　 信　 費	
26,000	支 払 利 息	
16,521,000		16,521,000

＜資料2＞ 平成×年11月21日から11月30日までの取引
21日 工事契約が成立し，前受金￥300,000を現金で受け取った。
22日 当座預金から現金￥50,000を引き出した。
23日 材料￥126,000を掛けで購入し，資材倉庫に搬入した。

24日　工事の未収代金の決済として¥280,000が当座預金に振り込まれた。

25日　外注業者から作業完了の報告があり，外注代金¥189,000の請求を受けた。

〃　材料¥68,000を資材倉庫より現場に送った。

26日　現場作業員の賃金¥236,000を現金で支払った。

〃　本社事務員の給料¥134,000を現金で支払った。

27日　取立依頼中の約束手形¥460,000が支払期日につき，当座預金に入金になった旨の通知を受けた。

28日　現場事務所の家賃¥47,000を現金で支払った。

29日　本社の電話代¥31,000を支払うため小切手を振り出した。

〃　完成した工事を引き渡し，工事代金¥600,000のうち前受金¥200,000を差し引いた残金を約束手形で受け取った。

30日　材料の掛買代金¥260,000の支払いのため，約束手形を振り出した。

〃　銀行より¥150,000を借り入れ，利息¥2,000を差し引かれた残額が当座預金に入金された。

合計残高試算表

平成×年11月30日　　　　　　　　　　　　　（単位：円）

借　　　方		勘 定 科 目	貸　　　方	
残　　高	合　　計		合　　計	残　　高
		現　　　　　　金		
		当 座 預 金		
		受 取 手 形		
		完 成 工 事 未 収 入 金		
		材　　　　　料		
		機 械 装 置		
		備　　　　　品		
		支 払 手 形		
		工 事 未 払 金		
		借　 入　 金		
		未 成 工 事 受 入 金		
		資　 本　 金		
		完 成 工 事 高		
		材　 料　 費		
		労　 務　 費		
		外　 注　 費		
		経　　　　　費		
		給　　　　　料		
		通　 信　 費		
		支 払 利 息		

〔第4問〕 次の文の ☐ の中に入る適当な用語を下記の<用語群>の中から選び，その記号（ア～ス）を解答欄に記入しなさい。 (10点)

(1) 当期の収益ないし費用を発生させる取引を a 取引という。

(2) 支払利息は b の勘定に属し，未払利息は c の勘定に属する勘定科目である。

(3) 固定資産の補修において，当該資産の能率を増進させるような性質の支出は d と呼ばれ，原状を回復させるような性質の支出は e と呼ばれる。

<用語群>

ア 収 益	イ 収益的支出	ウ 損 益
エ 資 産	オ 負 債	カ 資 本
キ 残 高	ク 費 用	コ 資本的支出
サ 混 合	シ 工事原価	ス 交 換

記号（ア～ス）

a	b	c	d	e

〔第5問〕 次の<決算整理事項等>により，解答用紙に示されている岩手工務店の当会計年度（平成×年1月1日～平成×年12月31日）に係る精算表を完成しなさい。なお，工事原価は未成工事支出金勘定を経由して処理する方法によっている。

(28点)

<決算整理事項等>

(1) 機械装置（工事現場用）について￥68,000，備品（一般管理用）について￥23,000の減価償却費を計上する。

(2) 有価証券の時価は￥256,400である。評価損を計上する。

(3) 受取手形と完成工事未収入金の合計額に対して2％の貸倒引当金を設定する。(差額補充法)

(4) 未成工事支出金の次期繰越額は￥394,000である。

(5) 支払家賃には前払分￥8,400が含まれている。

精　算　表

（単位：円）

勘 定 科 目	残高試算表		整 理 記 入		損 益 計 算 書		貸借対照表	
	借　方	貸　方	借　方	貸　方	借　方	貸　方	借　方	貸　方
現　　　　金	342,000							
当 座 預 金	448,000							
受 取 手 形	531,000							
完成工事未収入金	723,000							
貸 倒 引 当 金		12,400						
有 価 証 券	294,000							
未成工事支出金	456,000							
材　　　　料	383,000							
貸 付 金	410,000							
機 械 装 置	662,000							
機械装置減価償却累計額		246,000						
備　　　　品	368,000							
備品減価償却累計額		84,000						
支 払 手 形		694,000						
工 事 未 払 金		423,000						
借　入　金		298,000						
未成工事受入金		189,000						
資　本　金		2,000,000						
完 成 工 事 高		3,654,000						
受 取 利 息		5,800						
材　料　費	894,000							
労　務　費	619,000							
外　注　費	536,000							
経　　　　費	397,000							
支 払 家 賃	149,000							
支 払 利 息	7,200							
その他の費用	387,000							
	7,606,200	7,606,200						
完成工事原価								
貸倒引当金繰入額								
減 価 償 却 費								
有価証券評価損								
前 払 家 賃								
当 期（　　　）								

第34回（平成26年度）検定試験

〔第1問〕 茨城工務店の次の各取引について仕訳を示しなさい。使用する勘定科目は下記の＜勘定科目群＞から選び，その記号（A～U）と勘定科目を書くこと。なお，解答は次に掲げた（例）に対する解答例にならって記入しなさい。　　（20点）

（例）　現金￥100,000を当座預金に預け入れた。

(1) 額面￥500,000の甲社の社債を額面￥100につき￥98で買い入れ，代金は小切手を振り出して支払った。

(2) 仮受金として処理していた￥870,000は，工事の受注に伴う前受金であることが判明した。

(3) 東北銀行において約束手形￥320,000を割り引き，￥5,400を差し引かれた手取額を当座預金に預け入れた。

(4) 下請業者である宮崎工務店から，金額￥1,100,000の第1回出来高報告書を受け取った。

(5) 決算に際して，当期純利益￥750,000を資本金勘定に振り替えた。

＜勘定科目群＞

A	現　　　　金	B	当 座 預 金	C	仮 払 金
D	仮 受 金	E	有 価 証 券	F	有価証券売却損
G	未成工事受入金	H	工 事 未 払 金	J	受 取 手 形
K	支 払 手 形	L	給　　　　料	M	労 務 費
N	外 注 費	Q	損　　　　益	R	完成工事未収入金
S	資 本 金	T	残　　　　高	U	手 形 売 却 損

仕 訳　記号（A〜U）も必ず記入のこと

No.	借　方			貸　方		
	記号	勘 定 科 目	金 額	記号	勘 定 科 目	金 額
(例)	B	当 座 預 金	100,000	A	現　　　金	100,000
(1)						
(2)						
(3)						
(4)						
(5)						

〔第2問〕　下記の工事原価計算表と未成工事支出金勘定に基づき，解答用紙の完成工事原価報告書を作成しなさい。　　　　　　　　　　　　　　　　（12点）

工事原価計算表

（単位：円）

摘　要	101号工事		102号工事		103号工事	104号工事	合　計
	前期繰越	当期発生	前期繰越	当期発生	当期発生	当期発生	
材 料 費	196,000	×××	58,000	86,000	113,000	83,000	634,000
労 務 費	×××	85,000	49,000	×××	89,000	×××	×××
外 注 費	97,000	×××	62,000	45,000	×××	36,000	366,000
経 費	72,000	56,000	×××	32,000	26,000	×××	243,000
合 計	510,000	308,000	×××	×××	×××	202,000	×××
期末の状況	完 成		未 完 成		完 成	未 完 成	

未成工事支出金

（単位：円）

前 期 繰 越	717,000	完 成 工 事 原 価	×××
材 料 費	×××	次 期 繰 越	×××
労 務 費	309,000		
外 注 費	×××		
経 費	×××		
	×××		×××

完成工事原価報告書

(単位：円)

Ⅰ．材　料　費	
Ⅱ．労　務　費	
Ⅲ．外　注　費	
Ⅳ．経　　　　費	
完成工事原価	

〔**第3問**〕　次の＜資料１＞及び＜資料２＞に基づき，解答用紙の合計残高試算表（平成×
年５月31日現在）を完成しなさい。なお，材料は購入のつど材料勘定に記入し，
現場搬入の際に材料費勘定に振り替えている。　　　　　　　　　　（30点）

＜資料１＞

合 計 試 算 表
平成×年５月20日現在

（単位：円）

借　方	勘 定 科 目	貸　方
1,562,000	現　　　　　金	406,000
2,439,000	当 座 預 金	1,242,000
1,585,000	受 取 手 形	1,037,000
1,016,000	完成工事未収入金	586,000
523,000	材　　　　　料	278,000
485,000	機 械 装 置	
319,000	備　　　　　品	
918,000	支 払 手 形	1,954,000
287,000	工 事 未 払 金	835,000
764,000	借　 入　 金	2,247,000
692,000	未 成 工 事 受 入 金	1,143,000
	資　 本　 金	2,000,000
	完 成 工 事 高	2,528,000
1,456,000	材　 料　 費	
966,000	労　 務　 費	
628,000	外　 注　 費	
353,000	経　　　　　費	
221,000	給　　　　　料	
33,000	支 払 家 賃	
	雑　 収　 入	9,000
18,000	支 払 利 息	
14,265,000		14,265,000

＜資料２＞　平成×年５月21日から５月31日までの取引

21日　材料¥214,000を掛けで購入し，本社倉庫に搬入した。

22日　工事の未収代金¥360,000を小切手で受け取った。

23日　工事契約が成立し，前受金として¥190,000が当座預金に振り込まれた。

24日　現金¥100,000を当座預金から引き出した。

25日　現場作業員の賃金¥432,000を現金で支払った。

　〃　　本社事務員の給料¥298,000を現金で支払った。

26日　材料¥123,000を本社倉庫より現場に送った。

27日　取立依頼中の約束手形¥240,000が支払期日につき，当座預金に入金になった旨の

通知を受けた。

28日　本社事務所の家賃¥85,000を支払うため，小切手を振り出した。

29日　外注工事の未払代金の支払いのため，約束手形¥372,000を振り出した。

30日　当社振り出しの約束手形¥170,000が支払期日につき，当座預金から引き落とされた。

〃　　現場の動力費¥42,000を現金で支払った。

31日　借入金¥350,000とその利息¥6,000を支払うため，小切手を振り出した。

〃　　工事が完成し，引き渡した。工事代金¥800,000のうち，前受金¥200,000を差し引いた残金を請求した。

合計残高試算表
平成×年5月31日現在　　　　　（単位：円）

借　　方		勘 定 科 目	貸　　方	
残　　高	合　　計		合　　計	残　　高
		現　　　　　金		
		当 座 預 金		
		受 取 手 形		
		完成工事未収入金		
		材　　　　　料		
		機 械 装 置		
		備　　　　　品		
		支 払 手 形		
		工 事 未 払 金		
		借　　入　　金		
		未成工事受入金		
		資　　本　　金		
		完 成 工 事 高		
		材　　料　　費		
		労　　務　　費		
		外　　注　　費		
		経　　　　　費		
		給　　　　　料		
		支 払 家 賃		
		雑　　収　　入		
		支 払 利 息		

〔第4問〕　次の文の　　　　の中に入る適当な用語を下記の＜用語群＞の中から選び，その記号（ア〜シ）を記入しなさい。　　　　　　　　　　（10点）

(1)　減価償却費の記帳方法には，　a　と　b　の2つがある。

(2)　企業の主たる営業活動に対して，付随的な活動から生ずる費用を　c　といい，これには　d　などが含まれる。

(3)　完成工事未収入金の回収可能見積額は，その期末残高から　e　を差し引いた額である。

＜用語群＞

ア　支　払　利　息	イ　貸　倒　引　当　金	ウ　直　接　記　入　法
エ　減価償却累計額	オ　継　続　記　録　法	カ　間　接　記　入　法
キ　完　成　工　事　原　価	ク　販売費及び一般管理費	コ　営　業　費　用
サ　棚　卸　計　算　法	シ　営　業　外　費　用	

記号（ア〜シ）

a	b	c	d	e

〔第5問〕　次の＜決算整理事項等＞により，解答用紙に示されている熊本工務店の当会計年度（平成×年1月1日〜平成×年12月31日）に係る精算表を完成しなさい。なお，工事原価は未成工事支出金勘定を経由して処理する方法によっている。

（28点）

＜決算整理事項等＞

(1)　機械装置（工事現場用）について¥35,000，備品（一般管理部門用）について¥29,000の減価償却費を計上する。

(2)　有価証券の時価は¥264,000である。評価損を計上する。

(3)　受取手形と完成工事未収入金の合計額に対して2％の貸倒引当金を設定する。（差額補充法）

(4)　保険料には，前払分¥2,500が含まれている。

(5)　貸付金利息の未収分¥1,300がある。

(6)　未成工事支出金の次期繰越額は¥189,000である。

精 算 表

(単位：円)

勘定科目	残高試算表 借方	残高試算表 貸方	整理記入 借方	整理記入 貸方	損益計算書 借方	損益計算書 貸方	貸借対照表 借方	貸借対照表 貸方
現　　　　金	209,000							
当 座 預 金	349,000							
受 取 手 形	563,000							
完成工事未収入金	417,000							
貸 倒 引 当 金		11,200						
有 価 証 券	276,000							
未成工事支出金	436,000							
材　　　　料	291,000							
貸 付 金	180,000							
機 械 装 置	540,000							
機械装置減価償却累計額		248,000						
備　　　　品	460,000							
備品減価償却累計額		168,000						
支 払 手 形		679,000						
工 事 未 払 金		497,000						
借 入 金		366,000						
未成工事受入金		252,000						
資 本 金		1,000,000						
完 成 工 事 高		2,167,000						
受 取 利 息		16,000						
材 料 費	524,000							
労 務 費	469,000							
外 注 費	335,000							
経 費	162,000							
保 険 料	41,200							
支 払 利 息	24,000							
その他の費用	128,000							
	5,404,200	5,404,200						
完 成 工 事 原 価								
貸倒引当金繰入額								
有価証券評価損								
減 価 償 却 費								
前 払 保 険 料								
未 収 利 息								
当 期（　　　）								

第35回(平成27年度)検定試験

〔第1問〕　愛媛工務店の次の各取引について仕訳を示しなさい。使用する勘定科目は下記の＜勘定科目群＞から選び，その記号（A～U）と勘定科目を書くこと。なお，解答は次に掲げた（例）に対する解答例にならって記入しなさい。　　　（20点）

（例）　現金¥100,000を当座預金に預け入れた。

(1)　A社から工事代金の未収分¥650,000が当座預金に振り込まれた。なお，当座借越勘定の残高¥450,000がある。

(2)　現金過不足として処理していた¥55,000は，本社事務員の旅費であることが判明した。

(3)　B社株式を¥1,500,000で買い入れ，代金は手数料¥30,000とともに小切手を振り出して支払った。

(4)　C工務店から外注作業完了の報告があり，その代金¥800,000のうち¥500,000については手持ちの約束手形を裏書譲渡し，残りの¥300,000は翌月払いとした。

(5)　D社に対する貸付金の回収として，郵便為替証書¥30,000を受け取った。

＜勘定科目群＞

A　現　　　　　金	B　当　座　預　金	C　現 金 過 不 足
D　当　座　借　越	E　有　価　証　券	F　貸　　付　　金
G　未成工事受入金	H　工　事　未　払　金	J　受　取　手　形
K　支　払　手　形	L　給　　　　　料	M　労　　務　　費
N　外　　注　　費	Q　経　　　　　費	R　完成工事未収入金
S　旅 費 交 通 費	T　通　　信　　費	U　未　　払　　金

仕訳　　記号（A～U）も必ず記入のこと

No.	借　方			貸　方		
	記号	勘　定　科　目	金　　額	記号	勘　定　科　目	金　　額
(例)	B	当　座　預　金	100,000	A	現　　　　　金	100,000
(1)						
(2)						
(3)						
(4)						
(5)						

〔第2問〕 次の原価計算表と未成工事支出金勘定に基づき，解答用紙の完成工事原価報告書を作成しなさい。 (12点)

原 価 計 算 表

(単位：円)

摘　　要	A工事		B工事		C工事	D工事	合　計
	前期繰越	当期発生	前期繰越	当期発生	当期発生	当期発生	
材　料　費	×　×　×	95,000	×　×　×	×　×　×	47,000	×　×　×	×　×　×
労　務　費	105,000	×　×　×	×　×　×	54,000	×　×　×	74,000	499,000
外　注　費	150,000	120,000	88,000	×　×　×	51,000	68,000	534,000
経　　　費	85,000	74,000	45,000	29,000	18,000	×　×　×	287,000
合　　計	480,000	405,000	×　×　×	×　×　×	183,000	244,000	×　×　×
期末の状況	完　　成		完　　成		未完成	未完成	

未成工事支出金

(単位：円)

前　期　繰　越	802,000	完成工事原価	×　×　×
材　　料　　費	293,000	次　期　繰　越	×　×　×
労　　務　　費	×　×　×		
外　　注　　費	×　×　×		
経　　　　　費	×　×　×		
	×　×　×		×　×　×

完成工事原価報告書

(単位：円)

Ⅰ. 材　　料　　費		
Ⅱ. 労　　務　　費		
Ⅲ. 外　　注　　費		
Ⅳ. 経　　　　　費		
完成工事原価		

〔第3問〕　次の＜資料1＞及び＜資料2＞に基づき，解答用紙の合計残高試算表（平成×
年6月30日現在）を完成しなさい。なお，材料は購入のつど材料勘定に記入し，
現場搬入の際に材料費勘定に振り替えている。　　　　　　　　　　（30点）

＜資料1＞

合 計 試 算 表
平成×年6月20日現在

（単位：円）

借　方	勘 定 科 目	貸　方
726,000	現　　　　　金	258,000
945,000	当 座 預 金	448,000
624,000	受 取 手 形	386,000
557,000	完成工事未収入金	328,000
450,000	材　　　　料	185,000
390,000	機 械 装 置	
210,000	備　　　　品	
320,000	支 払 手 形	689,000
165,000	工 事 未 払 金	480,000
287,000	借　　入　　金	668,000
261,000	未成工事受入金	543,000
	資　　本　　金	1,500,000
	完 成 工 事 高	2,350,000
823,000	材　　料　　費	
793,000	労　　務　　費	
785,000	外　　注　　費	
308,000	経　　　　費	
160,000	給　　　　料	
25,000	支 払 家 賃	
	雑　　収　　入	5,000
11,000	支 払 利 息	
7,840,000		7,840,000

＜資料2＞　平成×年6月21日から6月30日までの取引

21日　工事契約が成立し，前受金として¥100,000を小切手で受け取った。

〃　　材料¥65,000を掛けで購入し，本社倉庫に搬入した。

22日　工事の未収代金¥160,000が当座預金に振り込まれた。

23日　外注作業完了の報告があり，その代金¥150,000を請求された。

24日　材料の買掛代金¥200,000の支払のため，約束手形を振り出した。

25日　現場作業員の賃金¥180,000を現金で支払った。

〃　　本社事務員の給料¥140,000を現金で支払った。

26日　材料¥58,000を本社倉庫より現場に送った。

27日　銀行へ取立依頼中の約束手形￥100,000が期日到来につき，当座預金へ入金となった旨の連絡を受けた。

28日　本社事務所の家賃￥25,000を現金で支払った。

29日　工事が完成し，発注者へ引き渡した。工事代金￥550,000のうち前受金￥150,000を差し引いた残額を請求した。

30日　当社振出しの約束手形￥180,000が期日到来につき，当座預金から引き落とされた。

〃　　銀行から￥300,000を借り入れ，利息￥1,000を差し引かれた手取額￥299,000を当座預金に預け入れた。

合計残高試算表
平成×年6月30日現在　　　　　　　　　　　（単位：円）

借　方　残高	借　方　合計	勘定科目	貸　方　合計	貸　方　残高
		現　　　　金		
		当　座　預　金		
		受　取　手　形		
		完成工事未収入金		
		材　　　料		
		機　械　装　置		
		備　　　品		
		支　払　手　形		
		工　事　未　払　金		
		借　　入　　金		
		未成工事受入金		
		資　　本　　金		
		完　成　工　事　高		
		材　　料　　費		
		労　　務　　費		
		外　　注　　費		
		経　　　費		
		給　　　料		
		支　払　家　賃		
		雑　　収　　入		
		支　払　利　息		

〔第4問〕　次の文の □□□ の中に入る適当な用語を下記の＜用語群＞の中から選び，その記号（ア～ス）を記入しなさい。　　　　　　　　　　　　　　　　　（10点）

(1)　□a□ は，特定の工事ごとに個々の取引を集計できるように工夫された帳簿であり，□b□ 勘定の補助簿としての機能を果たしている。

(2)　材料の □c□ を把握する方法として，□d□ と棚卸計算法がある。

(3)　受取利息は収益の勘定であり，前受利息は □e□ の勘定である。

＜用語群＞

ア	資　産	イ	負　債	ウ	費　用
エ	購入数量	オ	消費数量	カ	工事台帳
キ	材料元帳	ク	未成工事受入金	コ	未成工事支出金
サ	継続記録法	シ	貯蔵品	ス	完成工事未収入金

記号（ア～ス）

a	b	c	d	e

〔第5問〕　次の＜決算整理事項等＞により，解答用紙に示されている島根工務店の当会計年度（平成×年1月1日～平成×年12月31日）に係る精算表を完成しなさい。なお，工事原価は未成工事支出金勘定を経由して処理する方法によっている。

（28点）

＜決算整理事項等＞

(1)　機械装置（工事現場用）について¥48,000と備品（一般管理部門用）について¥31,000の減価償却費を計上する。

(2)　有価証券の時価は¥350,000である。評価損を計上する。

(3)　受取手形と完成工事未収入金の期末残高の合計額に対して2％の貸倒引当金を設定する。（差額補充法）

(4)　保険料には，前払分¥4,000が含まれている。

(5)　貸付金利息の未収分¥2,400がある。

(6)　未成工事支出金の次期繰越額は¥380,000である。

精　算　表

(単位：円)

勘定科目	残高試算表 借方	残高試算表 貸方	整理記入 借方	整理記入 貸方	損益計算書 借方	損益計算書 貸方	貸借対照表 借方	貸借対照表 貸方
現　　　　金	320,000							
当 座 預 金	520,000							
受 取 手 形	448,000							
完成工事未収入金	382,000							
貸 倒 引 当 金		10,600						
有 価 証 券	388,000							
未成工事支出金	491,000							
材　　　　料	356,000							
貸 付 金	230,000							
機 械 装 置	650,000							
機械装置減価償却累計額		240,000						
備　　　　品	430,000							
備品減価償却累計額		155,000						
支 払 手 形		527,000						
工 事 未 払 金		683,000						
借 入 金		348,000						
未成工事受入金		368,000						
資 本 金		1,000,000						
完 成 工 事 高		2,984,000						
受 取 利 息		21,000						
材 料 費	736,000							
労 務 費	528,000							
外 注 費	456,000							
経 費	181,000							
保 険 料	36,600							
支 払 利 息	30,000							
その他の費用	154,000							
	6,336,600	6,336,600						
完 成 工 事 原 価								
貸倒引当金繰入額								
有価証券評価損								
減 価 償 却 費								
前 払 保 険 料								
未 収 利 息								
当 期（　　　）								

- 21 -

第36回（平成28年度）検定試験

〔第1問〕　岐阜工務店の次の各取引について仕訳を示しなさい。使用する勘定科目は下記の＜勘定科目群＞から選び，その記号（A～W）と勘定科目を書くこと。なお，解答は次に掲げた（例）に対する解答例にならって記入しなさい。　（20点）

（例）　現金￥100,000を当座預金に預け入れた。

(1)　A社株式を￥1,800,000で買い入れ，代金は手数料￥75,000とともに小切手を振り出して支払った。

(2)　B工務店から外注作業完了の報告があり，その代金￥1,000,000のうち￥450,000については手持ちの約束手形を裏書譲渡し，残りは翌月払いとした。

(3)　得意先C店が倒産し，同店に対する完成工事未収入金￥1,400,000が回収不能となった。なお貸倒引当金の残高が￥900,000ある。

(4)　建設機械を購入し，代金￥598,000は小切手を振り出して支払った。当座預金の残高は￥333,000であり，取引銀行とは当座借越契約（借越限度額￥1,000,000）を結んでいる。

(5)　決算に際して，当期純利益￥850,000を資本金勘定に振り替えた。

＜勘定科目群＞

A	現　　　金	B	当 座 預 金	C	資 　本　 金
D	当 座 借 越	E	有 価 証 券	F	支 払 手 数 料
G	完成工事未収入金	H	工 事 未 払 金	J	受 取 手 形
K	支 払 手 形	L	完 成 工 事 高	M	損 　　　益
N	外 注 費	Q	経 　　　費	R	機 械 装 置
S	貸 倒 損 失	T	借 入 金	U	未 払 金
W	貸 倒 引 当 金				

仕訳　　記号（A～W）も必ず記入のこと

No.	借	方		貸	方	
	記号	勘 定 科 目	金 額	記号	勘 定 科 目	金 額
(例)	B	当 座 預 金	100,000	A	現　　　　金	100,000
(1)						
(2)						
(3)						
(4)						
(5)						

〔第2問〕 次の原価計算表と未成工事支出金勘定に基づき，解答用紙の完成工事原価報告書を作成しなさい。 (12点)

原 価 計 算 表

(単位：円)

摘　　要	A工事		B工事		C工事	D工事	合　計
	前期繰越	当期発生	前期繰越	当期発生	当期発生	当期発生	
材　料　費	×××	140,000	54,000	×××	×××	×××	445,000
労　務　費	50,000	103,000	×××	58,000	×××	52,000	334,000
外　注　費	×××	×××	×××	90,000	98,000	37,000	×××
経　　　費	20,000	32,000	×××	28,000	58,000	33,000	184,000
合　　　計	188,000	×××	169,000	×××	278,000	214,000	×××
期末の状況	完成・引渡完了		未　完　成		完成・引渡完了	未完成	

未成工事支出金

(単位：円)

前　期　繰　越	×××	完 成 工 事 原 価	×××
材　　料　　費	343,000	次　期　繰　越	×××
労　　務　　費	257,000		
外　　注　　費	309,000		
経　　　　　費	×××		
	×××		×××

完成工事原価報告書

(単位：円)

Ⅰ. 材　　料　　費	
Ⅱ. 労　　務　　費	
Ⅲ. 外　　注　　費	
Ⅳ. 経　　　　　費	
完成工事原価	

〔第3問〕　次に掲げる＜平成×年3月中の取引＞を解答用紙の合計試算表の(イ)当月取引高
　　　　欄に記入し，次いで(ア)前月繰越高欄と(イ)の欄を基に(ウ)合計欄に記入しなさい。な
　　　　お，材料は購入のつど材料勘定に記入し，現場搬入の際に材料費勘定に振り替え
　　　　ている。　　　　　　　　　　　　　　　　　　　　　　　　　　　　　　　（30点）

＜平成×年3月中の取引＞

　1日　手許現金を補充するため，小切手￥150,000を振り出した。

　3日　銀行より￥500,000を借り入れ，利息￥5,000を差し引かれた手取額が当座預金
　　　　に振り込まれた。

　7日　福島商事(株)と工事請負契約が成立し，前受金￥300,000を小切手で受け取っ
　　　　た。

　9日　滋賀建材(株)から材料￥351,000を掛けで購入し，本社倉庫に搬入した。

　12日　本社事務員の給料￥60,000，現場作業員の賃金￥78,000を現金で支払った。

　13日　工事の未収代金の決済として￥500,000が当座預金に振り込まれた。

　15日　材料￥108,000を本社倉庫より現場に搬送した。

　19日　外注業者の東西工務店から作業完了の報告があり，外注代金￥250,000の請求
　　　　を受けた。

　20日　9日に掛けで購入し，本社倉庫で保管していた材料の一部に不良品があり，
　　　　￥65,000の値引きを受けた。

　22日　工事現場の電話代￥20,000を現金で支払った。

　23日　取立依頼中の約束手形￥360,000が支払期日につき，当座預金へ入金となった
　　　　旨の通知を受けた。

　25日　9日に掛けで購入し，15日に現場に搬送した材料の一部に品違いがあり，現場
　　　　より￥58,000返品した。

　26日　材料の掛買代金支払のため，小切手￥330,000を振り出した。

　28日　当社振り出しの約束手形￥240,000が支払期日につき，当座預金から引き落と
　　　　された。

　30日　請負代金￥500,000の工事が完成したので，発注者へ引き渡し，前受金
　　　　￥200,000を相殺した残額を請求した。

合　計　試　算　表

平成×年３月31日現在　　　　　　　（単位：円）

借　　方			勘　定　科　目	貸　　方		
(ｳ)合　　計	(ｲ)当月取引高	(ｱ)前月繰越高		(ｱ)前月繰越高	(ｲ)当月取引高	(ｳ)合　　計
		1,941,900	現　　　　　金	1,623,900		
		3,482,000	当　座　預　金	2,859,000		
		1,518,800	受　取　手　形	1,158,800		
		4,467,000	完成工事未収入金	3,684,000		
		134,900	材　　　　　料	38,000		
		313,000	機　械　装　置			
		99,000	備　　　　　品			
		862,000	支　払　手　形	1,102,000		
		268,000	工　事　未　払　金	398,000		
		200,000	借　　入　　金	600,000		
		76,000	未成工事受入金	209,800		
			資　　本　　金	1,000,000		
			完　成　工　事　高	947,000		
		94,700	材　　料　　費			
		50,500	労　　務　　費			
		44,800	外　　注　　費			
		33,900	経　　　　　費			
		33,200	給　　　　　料			
			雑　　収　　入	1,200		
		2,000	支　払　利　息			
		13,621,700		13,621,700		

〔第4問〕　次の文章の　　　　　の中に入る適当な用語を下記の＜用語群＞の中から選び，
　　　　　その記号（ア～ソ）を解答用紙の所定の欄に記入しなさい。　　　　　（10点）

（1）　株式配当金領収証，郵便為替証書は　a　勘定で処理する。

（2）　前受利息は　b　の勘定に属し，前払利息は　c　の勘定に属する勘定科目である。

（3）　固定資産の補修において，当該資産の能率を増進するための支出は　d　と呼ばれ，原状を回復するための支出は　e　と呼ばれる。

＜用語群＞

ア	収　　益	イ	収 益 的 支 出	ウ	小　切　手
エ	経　　費	オ	負　　債	カ	資　　本
キ	未成工事支出金	ク	費　　用	コ	資 本 的 支 出
サ	現　　金	シ	工 事 原 価	ス	当 座 預 金
セ	資　　産	ソ	普 通 預 金		

記号（ア～ソ）

a	b	c	d	e

〔第5問〕　次の＜決算整理事項等＞により，解答用紙に示されている大宮工務店の当会計
　　　　　年度（平成×年1月1日～平成×年12月31日）に係る精算表を完成しなさい。な
　　　　　お，工事原価は未成工事支出金勘定を経由して処理する方法によっている。

　　　　　　　　　　　　　　　　　　　　　　　　　　　　　　　　　　　　（28点）

＜決算整理事項等＞

（1）　機械装置（工事現場用）について¥48,000，備品（一般管理用）について¥8,000の減価償却費を計上する。

（2）　有価証券の時価は¥166,400である。評価損を計上する。

（3）　受取手形と完成工事未収入金の合計額に対して2％の貸倒引当金を設定する。（差額補充法）

（4）　支払家賃には前払分¥9,500が含まれている。

（5）　現金の実際手許有高は¥332,000であったため，不足額は雑損失とする。

（6）　期末において，定期預金の未収利息¥1,300と借入金の未払利息¥3,300がある。

（7）　未成工事支出金の次期繰越額は¥354,000である。

精 算 表

（単位：円）

勘 定 科 目	残高試算表		整 理 記 入		損益計算書		貸借対照表	
	借 方	貸 方	借 方	貸 方	借 方	貸 方	借 方	貸 方
現　　　　　金	332,300							
当 座 預 金	448,000							
定 期 預 金	100,000							
受 取 手 形	531,000							
完成工事未収入金	704,000							
貸 倒 引 当 金		16,600						
有 価 証 券	188,900							
未成工事支出金	486,000							
材　　　　　料	283,000							
貸 付 金	413,000							
機 械 装 置	800,000							
機械装置減価償却累計額		312,000						
備　　　　　品	100,000							
備品減価償却累計額		21,000						
支 払 手 形		415,000						
工 事 未 払 金		553,000						
借 入 金		598,000						
未成工事受入金		127,000						
資 本 金		2,000,000						
完 成 工 事 高		3,784,000						
受 取 利 息		7,800						
材 料 費	794,000							
労 務 費	689,000							
外 注 費	836,000							
経 費	597,000							
支 払 家 賃	139,000							
支 払 利 息	6,200							
その他の費用	387,000							
	7,834,400	7,834,400						
完 成 工 事 原 価								
貸倒引当金繰入額								
減 価 償 却 費								
有価証券評価損								
雑 損 失								
前 払 家 賃								
未 収 利 息								
未 払 利 息								
当 期（　　　）								

第37回（平成29年度）検定試験

〔第1問〕　長野工務店の次の各取引について仕訳を示しなさい。使用する勘定科目は下記の＜勘定科目群＞から選び，その記号（A～X）と勘定科目を書くこと。なお，解答は次に掲げた（例）に対する解答例にならって記入しなさい。　　　（20点）

（例）　現金¥100,000を当座預金に預け入れた。

(1)　A社に対する貸付金の回収として郵便為替証書¥50,000を受け取った。

(2)　現金過不足としていた¥30,000のうち¥13,000は本社事務員の旅費であり，残額は現場作業員の旅費と判明した。

(3)　現場作業員の賃金¥350,000から所得税源泉徴収分¥25,000と立替金¥20,000を差し引き，残額を現金で支払った。

(4)　工事が完成したため発注者に引渡し，代金のうち¥350,000については前受金と相殺し，残額¥950,000を請求した。

(5)　建設現場で使用する機械¥1,000,000を購入し，代金のうち¥730,000は現金で支払い，残額は翌月末払いとした。

＜勘定科目群＞

A　現　　　　　金	B　当　座　預　金	C　未成工事受入金
D　仮　受　金	E　工　事　未　払　金	F　貸　付　金
G　現　金　過　不　足	H　外　注　費	J　完　成　工　事　高
K　完成工事未収入金	L　未　払　金	M　経　　　　　費
N　給　　　料	Q　立　替　金	R　労　務　費
S　機　械　装　置	T　材　料　費	U　材　　　料
W　預　り　金	X　旅　費　交　通　費	

― 29 ―

仕訳　　記号（A～X）も必ず記入のこと

No.	借　　　方			貸　　　方		
	記号	勘　定　科　目	金　　額	記号	勘　定　科　目	金　　額
（例）	B	当　座　預　金	100,000	A	現　　　　　金	100,000
(1)						
(2)						
(3)						
(4)						
(5)						

〔第2問〕 次の<資料>に基づき，下記の間に解答しなさい。 (12点)

<資料>
1. 平成×年3月の工事原価計算表

工事原価計算表

平成×年3月 (単位：円)

| 摘　　要 | A工事 | | B工事 | | C工事 | | D工事 | 合　計 |
	前月繰越	当月発生	前月繰越	当月発生	前月繰越	当期発生	当月発生	
材　料　費	34,900	×××	99,300	49,600	×××	36,200	75,200	418,700
労　務　費	17,700	83,300	56,200	×××	26,900	48,900	65,200	317,400
外　注　費	13,300	16,000	34,200	19,700	×××	56,300	×××	×××
経　　　費	9,500	24,300	×××	×××	18,600	25,300	12,300	149,700
合　　計	×××	179,600	×××	131,600	169,000	×××	187,800	×××
備　　考	完　成		完　成		未 完 成		未完成	

2. A工事・B工事・C工事は前月より着手している。
3. 前月より繰り越した未成工事支出金の残高は¥450,700であった。

問1 前月発生の外注費を計算しなさい。
問2 当月の完成工事原価を計算しなさい。
問3 当月末の未成工事支出金の残高を計算しなさい。
問4 当月の完成工事原価報告書に示される材料費を計算しなさい。

問1　¥ ☐

問2　¥ ☐

問3　¥ ☐

問4　¥ ☐

〔第3問〕 次の＜資料１＞及び＜資料２＞に基づき，解答用紙の合計残高試算表（平成×
年12月30日現在）を完成しなさい。なお，材料は購入のつど材料勘定に記入し，
現場搬入の際に材料費勘定に振り替えている。 （30点）

＜資料１＞

合 計 試 算 表
平成×年12月20日現在

（単位：円）

借　　方	勘 定 科 目	貸　　方
999,000	現　　　　　金	560,000
2,130,000	当 座 預 金	1,600,000
2,066,000	受 取 手 形	1,432,000
1,523,000	完成工事未収入金	840,000
696,000	材　　　　料	393,000
555,000	機 械 装 置	
498,000	備　　　　品	
1,300,000	支 払 手 形	2,523,000
423,000	工 事 未 払 金	956,000
1,113,000	借　 入　 金	3,322,000
899,000	未成工事受入金	1,633,000
	資　 本　 金	1,000,000
	完 成 工 事 高	3,650,000
2,325,000	材　 料　 費	
1,399,000	労　 務　 費	
955,000	外　 注　 費	
620,000	経　　　　費	
333,000	給　　　　料	
49,000	通　 信　 費	
26,000	支 払 利 息	
17,909,000		17,909,000

＜資料２＞　平成×年12月21日から12月30日までの取引

21日　工事契約が成立し，前受金￥300,000を現金で受け取った。

22日　工事の未収代金￥500,000が当座預金に振り込まれた。

23日　材料￥130,000を掛けで購入し，資材倉庫に搬入した。

〃　　材料￥50,000を資材倉庫より現場に送った。

25日　外注業者から作業完了の報告があり，外注代金￥190,000の請求を受けた。

26日　現場の動力費￥30,000を現金で支払った。

〃　　掛買し，資材倉庫に保管していた材料に不良品があり，￥50,000の値引きを受
けた。

27日　取立依頼中の約束手形￥480,000が支払期日につき，当座預金に入金になった

旨の通知を受けた。

28日　材料の掛買代金の未払い分￥45,000を現金で支払った。

29日　現場の電話代￥15,000を支払うため小切手を振り出した。

〃　　完成した工事を引き渡し，工事代金￥1,000,000のうち前受金￥300,000を差し引いた残額を約束手形で受け取った。

30日　材料の掛買代金￥280,000の支払いのため，約束手形を振り出した。

〃　　借入金￥523,000とその利息￥13,000を支払うため，小切手を振り出した。

合計残高試算表
平成×年12月30日現在　　　　　　　　（単位：円）

借　　方		勘　定　科　目	貸　　方	
残　　高	合　　計		合　　計	残　　高
		現　　　　　金		
		当　座　預　金		
		受　取　手　形		
		完成工事未収入金		
		材　　　　　料		
		機　械　装　置		
		備　　　　　品		
		支　払　手　形		
		工　事　未　払　金		
		借　　入　　金		
		未成工事受入金		
		資　　本　　金		
		完　成　工　事　高		
		材　　料　　費		
		労　　務　　費		
		外　　注　　費		
		経　　　　　費		
		給　　　　　料		
		通　　信　　費		
		支　払　利　息		

〔第4問〕 次の文の ☐ の中に入る最も適当な用語を下記の＜用語群＞の中から選び，その記号（ア～ス）を解答欄に記入しなさい。 (10点)

(1) 材料の a を把握する方法として継続記録法と b がある。

(2) 未収利息は c の勘定に属し，未払利息は d の勘定に属する。

(3) 完成工事未収入金の回収可能見積額は，その期末残高から e を差し引いた額である。

＜用語群＞

ア 資 産	イ 負 債	ウ 直 接 記 入 法
エ 消 費 数 量	オ 収 益	カ 費 用
キ 購 入 数 量	ク 資 本	コ 貸 倒 損 失
サ 棚 卸 計 算 法	シ 間 接 記 入 法	ス 貸 倒 引 当 金

記号（ア～ス）

a	b	c	d	e

〔第5問〕 次の＜決算整理事項等＞により，解答用紙に示されている栃木工務店の当会計年度（平成×年1月1日～平成×年12月31日）に係る精算表を完成しなさい。なお，工事原価は未成工事支出金勘定を経由して処理する方法によっている。

(28点)

＜決算整理事項等＞

(1) 機械装置（工事現場用）について¥98,000，備品（一般管理用）について¥22,000の減価償却費を計上する。

(2) 有価証券の時価は¥233,000であり，評価損を計上する。

(3) 受取手形と完成工事未収入金の合計額に対して3％の貸倒引当金を設定する。（差額補充法）

(4) 現金の実際有高は¥330,000であった。差額は雑損失とする。

(5) 支払家賃には前払分¥9,400が含まれている。

(6) 未成工事支出金の次期繰越額は¥563,000である。

精　算　表

（単位：円）

勘定科目	残高試算表		整理記入		損益計算書		貸借対照表	
	借　方	貸　方	借　方	貸　方	借　方	貸　方	借　方	貸　方
現　　　　　金	352,000							
当 座 預 金	498,000							
受 取 手 形	591,000							
完成工事未収入金	819,000							
貸 倒 引 当 金		22,400						
有 価 証 券	254,000							
未成工事支出金	458,000							
材　　　　料	483,000							
貸 付 金	500,000							
機 械 装 置	762,000							
機械装置減価償却累計額		246,000						
備　　　　品	468,000							
備品減価償却累計額		84,000						
支 払 手 形		794,000						
工 事 未 払 金		433,000						
借 入 金		398,000						
未成工事受入金		199,000						
資 本 金		2,500,000						
完 成 工 事 高		3,684,000						
受 取 利 息		9,800						
材 料 費	994,000							
労 務 費	659,000							
外 注 費	556,000							
経 費	497,000							
支 払 家 賃	159,000							
支 払 利 息	13,200							
その他の費用	307,000							
	8,370,200	8,370,200						
完成工事原価								
貸倒引当金繰入額								
減 価 償 却 費								
雑 損 失								
有価証券評価損								
前 払 家 賃								
当 期（　　　）								

第38回（平成30年度）検定試験

〔第1問〕 栃木工務店の次の各取引について仕訳を示しなさい。使用する勘定科目は下記の＜勘定科目群＞から選び，その記号（A～U）と勘定科目を書くこと。なお，解答は次に掲げた（例）に対する解答例にならって記入しなさい。 （20点）

（例） 現金¥100,000を当座預金に預け入れた。

(1) 本社建物の補修を行い，その代金¥1,800,000を小切手を振り出して支払った。このうち¥400,000は修繕のための支出であり，残額は改良のための支出である。

(2) 倉庫に搬入した材料の代金のうち，¥1,200,000については手持ちの約束手形を裏書譲渡し，残額¥300,000は翌月払いとした。

(3) 現場へ搬入した建材の一部（代金は未払い）に不良品があったため，¥55,000分の返品をした。

(4) 先月購入した建設用機械の未払代金¥3,000,000及び本社倉庫に保管している材料の未払代金¥300,000を共に小切手を振り出して支払った。

(5) 決算に際して，当期純利益¥530,000を資本金勘定に振り替えた。

＜勘定科目群＞

A	現　　　　金	B	当 座 預 金	C	受 取 手 形
D	建　　　　物	E	材　　　　料	F	機 械 装 置
G	未成工事受入金	H	工 事 未 払 金	J	未 払 金
K	支 払 手 形	L	前 渡 金	M	資 本 金
N	材 料 費	Q	外 注 費	R	修 繕 維 持 費
S	減 価 償 却 費	T	完 成 工 事 高	U	損　　　　益

仕訳　　記号（A〜U）も必ず記入のこと

No.	借　　　方			貸　　　方		
	記号	勘　定　科　目	金　　額	記号	勘　定　科　目	金　　額
（例）	B	当　座　預　金	100,000	A	現　　　　　金	100,000
(1)						
(2)						
(3)						
(4)						
(5)						

〔第2問〕 下記の原価計算表と未成工事支出金勘定に基づき，解答用紙の完成工事原価報告書を作成しなさい。 (12点)

原 価 計 算 表
平成×年3月 (単位：円)

摘　要	101号工事		102号工事		103号工事	104号工事	合　計
	前期繰越	当期発生	前期繰越	当期発生	当期発生	当期発生	
材 料 費	210,000	×××	66,000	98,000	153,000	101,000	786,000
労 務 費	×××	105,000	54,000	×××	108,000	×××	×××
外 注 費	115,000	×××	52,000	55,000	×××	79,000	427,000
経 費	95,000	67,000	×××	36,000	35,000	×××	315,000
合 計	560,000	406,000	×××	×××	×××	326,000	×××
期末の状況	完　成		未 完 成		完　成	未完成	

未成工事支出金

前 期 繰 越	756,000	完 成 工 事 原 価	×××
材 料 費	×××	次 期 繰 越	×××
労 務 費	381,000		
外 注 費	×××		
経 費	×××		
	×××		×××

完成工事原価報告書
(単位：円)

Ⅰ．材 料 費	
Ⅱ．労 務 費	
Ⅲ．外 注 費	
Ⅳ．経 費	
完成工事原価	

〔第3問〕　次の＜資料1＞及び＜資料2＞に基づき，解答用紙の合計残高試算表（平成×年7月31日現在）を完成しなさい。なお，材料は購入のつど材料勘定に記入し，現場搬入の際に材料費勘定に振り替えている。　　　　　　　　　　（30点）

＜資料1＞

合 計 試 算 表
平成×年7月20日現在

（単位：円）

借　　方	勘 定 科 目	貸　　方
1,958,000	現　　　　　金	925,000
2,880,000	当 座 預 金	1,623,000
1,986,000	受 取 手 形	1,220,000
1,268,000	完成工事未収入金	841,000
1,152,000	材　　　　　料	754,000
1,550,000	機 械 装 置	
780,000	備　　　　　品	
1,050,000	支 払 手 形	1,988,000
889,000	工 事 未 払 金	1,866,000
987,000	借　 入　 金	2,947,000
824,000	未成工事受入金	1,548,000
	資　 本　 金	3,000,000
	完 成 工 事 高	4,238,000
1,525,000	材　 料　 費	
1,326,000	労　 務　 費	
1,152,000	外　 注　 費	
653,000	経　　　　　費	
756,000	給　　　　　料	
182,000	支 払 家 賃	
32,000	支 払 利 息	
20,950,000		20,950,000

＜資料2＞　平成×年7月21日から7月31日までの取引

21日　工事契約が成立し，前受金として¥150,000が当座預金に振り込まれた。

　〃　　工事の未収代金¥360,000を小切手で受け取った。

23日　取立依頼中の約束手形¥400,000が支払期日につき，当座預金に入金になった旨の通知を受けた。

　〃　　材料¥205,000を掛けで購入し，本社倉庫に搬入した。

24日　本社事務所の家賃¥95,000を小切手を振り出して支払った。

　〃　　下請業者から外注作業完了の報告があり，その代金¥268,000の請求を受けた。

25日　現場作業員の賃金¥280,000を現金で支払った。

　〃　　本社事務員の給料¥240,000を現金で支払った。

27日　材料¥147,000が本社倉庫より現場に搬入された。

〃　　現場の電気代¥35,000を現金で支払った。

28日　工事が完成して発注者へ引き渡し，工事代金¥1,500,000のうち，前受金¥200,000を差し引いた残金を請求した。

〃　　外注工事の未払代金の支払いのため，約束手形¥356,000を振り出した。

30日　当社振り出しの約束手形¥280,000が支払期日につき，当座預金から引き落とされた。

31日　銀行から¥800,000の借入を行い，その利息¥1,000が差し引かれたうえで，当座預金に入金となった。

合 計 残 高 試 算 表
平成×年7月31日現在　　　　　　　　　（単位：円）

借　　　方		勘　定　科　目	貸　　　方	
残　　高	合　　計		合　　計	残　　高
		現　　　　　　金		
		当　座　預　金		
		受　取　手　形		
		完成工事未収入金		
		材　　　　　　料		
		機　械　装　置		
		備　　　　　品		
		支　払　手　形		
		工　事　未　払　金		
		借　　入　　金		
		未成工事受入金		
		資　　本　　金		
		完　成　工　事　高		
		材　　料　　費		
		労　　務　　費		
		外　　注　　費		
		経　　　　　費		
		給　　　　　料		
		支　払　家　賃		
		支　払　利　息		

〔第4問〕 次の文の 　　　 の中に入る最も適当な用語を下記の＜用語群＞の中から選び，
その記号（ア～シ）を記入しなさい。 (10点)

(1) 固定資産の減価償却総額は，当該資産の a から b を差し引いて計算される。

(2) c は，工事毎に発生した原価を集計できるように工夫された帳簿であり， d の補助元帳としての機能を果たしている。

(3) 回収不能となった売上債権は簿記上， e 勘定で処理をする。

＜用語群＞

　　ア 取 得 原 価　　イ 時　　　価　　ウ 完 成 工 事 高
　　エ 残 存 価 額　　オ 完 成 工 事 原 価　カ 工 事 原 価
　　キ 材 料 元 帳　　ク 未 成 工 事 支 出 金　コ 工 事 台 帳
　　サ 貸 倒 損 失　　シ 減 価 償 却 費

記号（ア～シ）

a	b	c	d	e

〔第5問〕 次の＜決算整理事項等＞により，解答用紙に示されている熊本工務店の当会計年度（平成×年1月1日～平成×年12月31日）に係る精算表を完成しなさい。なお，工事原価は未成工事支出金勘定を経由して処理する方法によっている。

(28点)

＜決算整理事項等＞

(1) 減価償却費を次のとおり計上する。
　　　機械装置（工事現場用）¥120,000
　　　備品（一般管理部門用）¥ 30,000

(2) 有価証券の時価は¥285,000であり，評価損を計上する。

(3) 受取手形と完成工事未収入金の合計額に対して2％の貸倒引当金を設定する（差額補充法）。

(4) 貸付金に対する利息の未収分は¥4,000である。

(5) 借入金に対する利息の未払分は¥3,500である。

(6) 未成工事支出金の次期繰越額は¥198,000である。

精　算　表

（単位：円）

勘 定 科 目	残高試算表		整 理 記 入		損益計算書		貸借対照表	
	借　方	貸　方	借　方	貸　方	借　方	貸　方	借　方	貸　方
現　　　　　金	380,000							
当 座 預 金	486,000							
受 取 手 形	653,000							
完成工事未収入金	537,000							
貸 倒 引 当 金		11,800						
有 価 証 券	317,000							
未成工事支出金	453,000							
材　　　　　料	352,000							
貸 付 金	280,000							
機 械 装 置	840,000							
機械装置減価償却累計額		360,000						
備　　　　　品	400,000							
備品減価償却累計額		120,000						
支 払 手 形		782,000						
工 事 未 払 金		623,000						
借 入 金		486,000						
未成工事受入金		387,000						
資 本 金		1,000,000						
完 成 工 事 高		3,288,000						
受 取 利 息		18,000						
材 料 費	767,600							
労 務 費	628,000							
外 注 費	495,000							
経 費	197,200							
保 険 料	70,000							
支 払 利 息	48,000							
その他の費用	172,000							
	7,075,800	7,075,800						
完成工事原価								
貸倒引当金繰入額								
有価証券評価損								
減 価 償 却 費								
未 収 利 息								
未 払 利 息								
当 期（　　　）								

第39回（令和2年度）検定試験

〔第1問〕　群馬工務店の次の各取引について仕訳を示しなさい。使用する勘定科目は下記の＜勘定科目群＞から選び，その記号（A～W）と勘定科目を書くこと。なお，解答は次に掲げた（例）に対する解答例にならって記入しなさい。　　　（20点）

（例）　現金￥100,000を当座預金に預け入れた。

(1)　甲社株式3,000株（取得原価@149円）を1株当たり155円で売却し，代金は現金で受け取った。

(2)　大分商事（株）と￥2,500,000の工事請負契約が成立し，前受金として￥500,000を現金で受け取った。

(3)　神戸鋼機（株）に対する機械購入の未払代金のうち，￥750,000については手持ちの約束手形を裏書譲渡し，残額￥350,000は小切手を振り出して支払った。

(4)　得意先の（株）福島商会に対する工事代金の未収分￥620,000は，同社倒産のため回収不能となった。なお貸倒引当金の残高が￥580,000ある。

(5)　決算に際して，現金過不足勘定の貸方残高￥3,700を適切な勘定に振り替えた。

＜勘定科目群＞

A　現　　　　　金	B　当　座　預　金	C　機　械　装　置
D　備　　　　　品	E　工　事　未　払　金	F　未　　払　　金
G　現　金　過　不　足	H　完成工事未収入金	J　未成工事受入金
K　受　取　手　形	L　支　払　手　形	M　有　価　証　券
N　貸　倒　損　失	Q　貸　倒　引　当　金	R　有価証券売却益
S　有価証券売却損	T　完　成　工　事　高	U　建　　　　　物
W　雑　　収　　入		

仕訳　記号（A～W）も必ず記入のこと

No.	借　　　方			貸　　　方		
	記号	勘 定 科 目	金　　額	記号	勘 定 科 目	金　　額
（例）	B	当 座 預 金	100,000	A	現　　　　　金	100,000
（1）						
（2）						
（3）						
（4）						
（5）						

〔第2問〕 次の＜資料＞に基づき，下記の設問の金額を計算しなさい。 (12点)

＜資料＞

1．20×9年12月の工事原価計算表

工事原価計算表

20×9年12月 （単位：円）

摘　　　要	A工事		B工事		C工事		D工事	合　　計
	前月繰越	当月発生	前月繰越	当月発生	前月繰越	当月発生	当月発生	
材　料　費	35,000	187,300	×××	73,000	43,100	×××	×××	606,300
労　務　費	26,300	×××	65,200	65,800	39,300	98,200	36,200	429,500
外　注　費	24,100	84,600	47,400	54,100	×××	×××	22,300	380,100
経　　　費	7,300	×××	25,100	12,600	9,800	32,600	15,800	×××
合　　　計	×××	402,900	218,200	×××	×××	412,700	×××	×××
備　　　考	完　成		未　完　成		完　成		未完成	

2．前月より繰り越した未成工事支出金の残高は¥424,100であった。

問1　当月発生の材料費

問2　当月の完成工事原価

問3　当月末の未成工事支出金の残高

問4　当月の完成工事原価報告書に示される外注費

問1　¥ _____

問2　¥ _____

問3　¥ _____

問4　¥ _____

〔第3問〕 次の＜資料1＞及び＜資料2＞に基づき，解答用紙の合計残高試算表（20×8年11月30日）を完成しなさい。なお，材料は購入のつど材料勘定に記入し，現場搬入の際に材料費勘定に振り替えている。 （30点）

＜資料1＞

合 計 試 算 表
20×8年11月19日現在

（単位：円）

借 方	勘 定 科 目	貸 方
994,000	現　　　　　金	741,000
4,150,000	当 座 預 金	2,390,000
2,450,000	受 取 手 形	920,000
6,560,000	完成工事未収入金	4,710,000
822,000	材　　　　　料	512,000
3,550,000	機 械 装 置	
880,000	備　　　　　品	
660,000	支 払 手 形	4,780,000
1,750,000	工 事 未 払 金	2,988,000
275,000	借　　入　　金	1,660,000
1,560,000	未成工事受入金	3,480,000
	資　　本　　金	2,000,000
	完 成 工 事 高	8,362,000
3,980,000	材　　料　　費	
2,260,000	労　　務　　費	
992,000	外　　注　　費	
614,000	経　　　　　費	
492,000	給　　　　　料	
535,000	支 払 家 賃	
19,000	支 払 利 息	
32,543,000		32,543,000

＜資料2＞ 20×8年11月20日から11月30日までの取引

20日 材料￥172,000を掛けで購入し，本社倉庫に搬入した。

21日 工事契約が成立し，前受金￥300,000を現金で受け取った。

22日 材料￥66,000を本社倉庫より現場に送った。

23日 現場作業員の賃金￥190,000を現金で支払った。

〃 本社事務員の給料￥170,000を現金で支払った。

24日 外注業者から作業完了の報告があり，外注代金￥272,000の請求を受けた。

26日 取立依頼中の約束手形￥450,000が，当座預金に入金になった旨の通知を受けた。

〃 本社事務所の家賃￥35,000を支払うため，小切手を振り出した。

27日　現場の動力用水光熱費￥30,000を現金で支払った。

28日　当社振出しの約束手形￥280,000の期日が到来し，当座預金から引き落とされた。

29日　工事の未収代金の決済として￥315,000が当座預金に振り込まれた。

30日　借入金￥300,000とその利息￥12,000を支払うため，小切手を振り出した。

　〃　　工事が完成し，引き渡した。工事代金￥850,000のうち前受金￥250,000を差し引いた残額を約束手形で受け取った。

合 計 残 高 試 算 表

20×8年11月30日　　　　　　　　　　（単位：円）

借　　方		勘 定 科 目	貸　　方	
残　高	合　計		合　計	残　高
		現　　　　　　金		
		当 座 預 金		
		受 取 手 形		
		完 成 工 事 未 収 入 金		
		材　　　　　料		
		機 械 装 置		
		備　　　　品		
		支 払 手 形		
		工 事 未 払 金		
		借　　入　　金		
		未 成 工 事 受 入 金		
		資　　本　　金		
		完 成 工 事 高		
		材　　料　　費		
		労　　務　　費		
		外　　注　　費		
		経　　　　費		
		給　　　　料		
		支 払 家 賃		
		支 払 利 息		

〔第4問〕 次の文の 　　　 の中に入る適当な用語を下記の＜用語群＞の中から選び，そ
の記号（ア～ス）を記入しなさい。 (10点)

(1) 当期の収益として既に発生しているがまだ収入となっていないものを「未収収
益」といい，これを追加計上する手続きを a という。

(2) 通貨代用証券には， b ， 送金小切手， c ， 株主配当金領収証などがあ
る。

(3) 材料の d を把握する方法として， e と棚卸計算法がある。

＜用語群＞

ア 収益の繰延	イ 損　　　益	ウ 為替手形
エ 継続記録法	オ 郵便為替証書	カ 期日未到来の公社債の利札
キ 収益の見越	ク 他人振出の小切手	コ 先入先出法
サ 消費単価	シ 購入原価	ス 消費数量

記号（ア～ス）

a	b	c	d	e

〔第5問〕 次の＜決算整理事項等＞に基づき，解答用紙に示されている我孫子工務店の当
会計年度（20×9年1月1日～20×9年12月31日）に係る精算表を完成しなさい。
なお，工事原価は未成工事支出金勘定を経由して処理する方法によっている。

(28点)

＜決算整理事項等＞

(1) 受取手形と完成工事未収入金の合計額に対して2％の貸倒引当金を設定する（差
額補充法）。

(2) 有価証券の時価は¥348,800である。評価損を計上する。

(3) 減価償却費を次のとおり計上する。

機械装置（工事現場用）　¥ 32,000

備品（一般管理部門用）　¥ 14,000

(4) 借入金の利息の未払分¥2,400がある。

(5) 未成工事支出金の次期繰越額は¥146,200である。

精 算 表

(単位：円)

勘 定 科 目	残高試算表		整 理 記 入		損益計算書		貸借対照表	
	借 方	貸 方	借 方	貸 方	借 方	貸 方	借 方	貸 方
現　　　　金	346,000							
当 座 預 金	410,400							
受 取 手 形	362,200							
完成工事未収入金	810,400							
貸 倒 引 当 金		17,200						
有 価 証 券	365,000							
未成工事支出金	288,000							
材　　　　料	473,000							
貸 付 金	340,000							
機 械 装 置	640,000							
機械装置減価償却累計額		288,000						
備　　　　品	420,000							
備品減価償却累計額		112,000						
支 払 手 形		652,500						
工 事 未 払 金		468,800						
借 入 金		292,000						
未成工事受入金		182,200						
資 本 金		2,000,000						
完 成 工 事 高		2,864,200						
受 取 利 息		28,000						
材 料 費	823,000							
労 務 費	522,000							
外 注 費	415,000							
経　　　　費	322,000							
支 払 利 息	26,000							
その他の費用	341,900							
	6,904,900	6,904,900						
完 成 工 事 原 価								
貸倒引当金繰入額								
減 価 償 却 費								
有価証券評価損								
未 払 利 息								
当 期 （　　　）								

第40回(令和3年度)検定試験

〔第1問〕　大阪工務店の次の各取引について仕訳を示しなさい。使用する勘定科目は下記の<勘定科目群>から選び，その記号（A～X）と勘定科目を書くこと。なお，解答は次に掲げた（例）に対する解答例にならって記入しなさい。　　（20点）

（例）　現金￥100,000を当座預金に預け入れた。

(1)　建設用機械の試運転費用￥80,000を小切手を振り出して支払った。

(2)　前月に購入したA社株式5,000株（1株当たりの購入価額￥150，購入手数料￥20,000）のうち，2,000株を1株当たり￥200で売却し，代金は現金で受け取った。

(3)　施工中の工事￥800,000が完成したため発注者に引き渡し，代金のうち￥500,000は当座預金口座に振り込まれ，残額は翌月に支払われることとなった。なお，当座借越勘定の残高が￥320,000ある。

(4)　本社従業員の社会保険料￥13,000を現金で納付した。なお，このうち￥6,000は従業員の給料から差し引いたものである。

(5)　銀行に預け入れていた定期預金￥300,000が満期となり，その利息￥6,000とともに期間1年の定期預金として継続して預け入れた。

<勘定科目群>

A	現　　　　金	B	当 座 預 金	C	定 期 預 金
D	機 械 装 置	E	有 価 証 券	F	完成工事未収入金
G	立 　替 　金	H	当 座 借 越	J	借 　入 　金
K	支 払 手 形	L	預 　り 　金	M	経　　　　費
N	雑　　　　費	Q	支 払 手 数 料	R	法 定 福 利 費
S	保 　険 　料	T	有価証券売却損	U	有価証券売却益
W	完 成 工 事 高	X	受 取 利 息		

仕訳　記号（A～X）も必ず記入のこと

No.	借　　方			貸　　方		
	記号	勘 定 科 目	金　　額	記号	勘 定 科 目	金　　額
（例）	B	当 座 預 金	100,000	A	現　　　　　金	100,000
(1)						
(2)						
(3)						
(4)						
(5)						

〔第2問〕 次の＜資料＞に基づき，下記の設問の金額を計算しなさい。なお，収益の認識は工事完成基準を適用する。 (12点)

＜資料＞

1．20×3年4月の工事原価計算表

工事原価計算表
20×3年4月 （単位：円）

摘　要	A工事 前月繰越	A工事 当月発生	B工事 前月繰越	B工事 当月発生	C工事 前月繰越	C工事 当月発生	D工事 当月発生	合　計
材　料　費	98,300	×××	×××	41,600	×××	65,300	75,200	453,600
労　務　費	22,100	86,700	83,300	23,000	43,200	×××	×××	422,300
外　注　費	×××	23,800	99,600	×××	45,600	33,500	51,200	×××
経　　　費	12,400	15,900	×××	×××	21,100	74,900	64,300	283,600
合　　　計	×××	144,000	362,100	133,400	150,300	×××	246,300	×××
備　　　考	完　成		完　成		未　完　成		未完成	

2．前月より繰り越した未成工事支出金の残高は¥678,300であった。

問1 前月発生の材料費

問2 当月の完成工事原価

問3 当月末の未成工事支出金の残高

問4 当月の完成工事原価報告書に示される経費

問1　¥ _____

問2　¥ _____

問3　¥ _____

問4　¥ _____

〔第3問〕　次に掲げる＜20×6年3月中の取引＞を解答用紙の合計試算表の(イ)当月取引高
　　　　欄に記入し，次いで(ア)前月繰越高欄及び(イ)の欄を基に(ウ)合計欄に記入しなさい。
　　　　なお，(イ)の欄の各科目への記入は合計額によること。

　　　　　なお，材料は購入のつど材料勘定に記入し，現場搬入の際に材料費勘定に振り
　　　　替えている。　　　　　　　　　　　　　　　　　　　　　　　　　　（30点）

＜20×6年3月中の取引＞

　3日　手許現金を補充するため小切手￥120,000を振り出した。

　5日　借入金￥300,000の返済とそれに対する利息￥2,000の支払いを現金で行なった。

　8日　工事契約が成立し，前受金￥300,000を小切手で受け取った。

　9日　施工中の工事￥700,000が完成し，発注者に引き渡した。なお，工事代金のう
　　　　ち￥200,000は前受金と相殺し，残額を請求した。

10日　取立依頼中の約束手形￥280,000が支払期日につき，当座預金に入金になった
　　　　旨の通知を受けた。

11日　工事の未収代金の決済として￥300,000が当座預金に振り込まれた。

12日　外注業者から作業完了の報告があり，外注代金￥350,000の請求を受けた。

15日　材料￥10,000を本社倉庫より現場に搬入した。

16日　本社事務員の給料￥200,000，現場作業員の賃金￥220,000を現金で支払った。

17日　掛けで購入し本社倉庫に保管していた材料に品違いがあり，材料￥70,000を返
　　　　品した。

19日　現場の電話代￥30,000を現金で支払った。

20日　材料の掛買代金支払のため，小切手￥150,000を振り出した。

22日　本社の家賃￥50,000を現金で支払った。

23日　当社振出しの約束手形￥240,000の期日が到来し，当座預金から引き落とされ
　　　　た。

24日　銀行より￥500,000を借り入れ，利息￥3,000を差し引かれた手取額が当座預金
　　　　に振り込まれた。

25日　本社の事務用品代￥26,000を現金で支払った。

27日　外注費の未払代金￥300,000の支払いのため約束手形を振り出した。

30日　応接セット一式を購入しその代金￥330,000は小切手を振り出して支払った。

31日　借入金の利息￥3,000を現金で支払った。

合 計 試 算 表

20×6年3月31日現在　　　　　　　　（単位：円）

借　　方			勘　定　科　目	貸　　方		
(ウ)合　　計	(イ)当月取引高	(ア)前月繰越高		(ア)前月繰越高	(イ)当月取引高	(ウ)合　　計
		518,000	現　　　　　金	37,000		
		833,000	当 座 預 金	123,000		
		380,000	受 取 手 形	50,000		
		683,000	完成工事未収入金	188,000		
		187,900	材　　　　料	33,000		
		414,000	機 械 装 置			
		399,000	備　　　　品			
		108,000	支 払 手 形	542,000		
		79,000	工 事 未 払 金	329,900		
		100,000	借　入　金	500,000		
		144,000	未成工事受入金	433,000		
			資　本　金	1,300,000		
			完 成 工 事 高	947,000		
		84,700	材　料　費			
		203,500	労　務　費			
		34,800	外　注　費			
		30,900	経　　　費			
		183,200	給　　　料			
		16,000	通　信　費			
		21,000	事務用消耗品費			
		60,000	支 払 家 賃			
		2,900	支 払 利 息			
		4,482,900		4,482,900		

〔第4問〕　次の文の　□　の中に入る最も適当な用語を下記の＜用語群＞の中から選び，その記号（ア〜シ）を解答欄に記入しなさい。　　　　　　　　　　　　　　（10点）

(1)　固定資産の補修において，当該資産の能率を増進させるような性質の支出は　a　と呼ばれ，現状を回復させるような性質の支出は　b　と呼ばれる。

(2)　減価償却の記帳方法には　c　と　d　の2つがある。

(3)　材料の消費単価の決定方法には　e　，移動平均法などがある。

＜用語群＞

ア　定　額　法	イ　定　率　法	ウ　継続記録法
エ　先入先出法	オ　資本的支出	カ　収益的支出
キ　棚卸計算法	ク　間接記入法	コ　直接記入法
サ　減価償却費	シ　減価償却累計額	

記号（ア〜シ）

a	b	c	d	e

〔第5問〕　次の＜決算整理事項等＞により，解答用紙に示されている奈良工務店の当会計年度（20×3年1月1日〜20×3年12月31日）に係る精算表を完成しなさい。なお，工事原価は未成工事支出金勘定を経由して処理する方法によっている。　（28点）

＜決算整理事項等＞

(1)　現金の実際有高は¥450,000であった。帳簿残高との差額は雑損失として処理する。

(2)　有価証券の時価は¥333,000である。評価損を計上する。

(3)　受取手形と完成工事未収入金の合計額に対して3％の貸倒引当金を設定する（差額補充法）。

(4)　機械装置（工事現場用）について¥100,000，備品（一般管理用）について¥33,000の減価償却費を計上する。

(5)　保険料には前払分¥5,500が含まれている。

(6)　利息の未収分が¥3,300ある。

(7)　未成工事支出金の次期繰越額は¥783,000である。

精　算　表

（単位：円）

勘定科目	残高試算表		整理記入		損益計算書		貸借対照表	
	借　方	貸　方	借　方	貸　方	借　方	貸　方	借　方	貸　方
現　　　　金	452,000							
当 座 預 金	388,000							
受 取 手 形	601,000							
完成工事未収入金	619,000							
貸 倒 引 当 金		32,400						
有 価 証 券	344,000							
未成工事支出金	568,000							
材　　　　料	583,000							
貸 付 金	400,000							
機 械 装 置	952,000							
機械装置減価償却累計額		236,000						
備　　　　品	378,000							
備品減価償却累計額		124,000						
支 払 手 形		714,000						
工 事 未 払 金		503,000						
借 入 金		268,000						
未成工事受入金		239,000						
資 本 金		2,500,000						
完 成 工 事 高		3,734,000						
受 取 利 息		19,800						
材 料 費	890,000							
労 務 費	613,000							
外 注 費	650,000							
経 費	547,000							
支 払 家 賃	115,000							
支 払 利 息	43,200							
保 険 料	22,000							
その他の費用	205,000							
	8,370,200	8,370,200						
完成工事原価								
貸倒引当金繰入額								
減 価 償 却 費								
雑 損 失								
有価証券評価損								
前 払 保 険 料								
未 収 利 息								
当 期 （　　　　）								

第41回(令和 4 年度)検定試験

〔第 1 問〕　甲工務店の次の各取引について仕訳を示しなさい。使用する勘定科目は下記の
　　　　　　＜勘定科目群＞から選び，その記号（A～X）と勘定科目を書くこと。なお，解
　　　　　　答は次に掲げた（例）に対する解答例にならって記入しなさい。　　　　（20点）

（例）　現金￥100,000を当座預金に預け入れた。

(1)　営業部員から，かねて仮払金で処理していた旅費の概算払￥100,000を精算し，
　　　残額￥50,000を現金で受け取った。

(2)　仮受金として処理していた￥500,000は，工事の受注に伴う前受金であることが
　　　判明した。

(3)　下請業者から，作業完了の報告があり，￥1,500,000の請求を受けた。

(4)　本社建物の補修を行い，その代金￥830,000のうち￥500,000は小切手を振出して
　　　支払い，残額は翌月払いとした。なお，補修代金のうち￥330,000は修繕のための
　　　支出であり，残額は改良のための支出である。

(5)　決算に際して完成工事原価￥500,000を損益勘定に振り替えた。

＜勘定科目群＞

A	現　　　　金	B	当 座 預 金	C	建　　　　物
D	仮 払 金	E	有 価 証 券	F	完成工事未収入金
G	仮 受 金	H	未 払 金	J	工 事 未 払 金
K	支 払 手 形	L	未成工事受入金	M	経　　　　費
N	完成工事原価	Q	外 注 費	R	法 定 福 利 費
S	旅 費 交 通 費	T	修 繕 維 持 費	U	減 価 償 却 費
W	完 成 工 事 高	X	損　　　　益		

仕訳　　記号（A～X）も必ず記入のこと

No.	借　　方			貸　　方		
	記号	勘　定　科　目	金　　額	記号	勘　定　科　目	金　　額
（例）	B	当　座　預　金	100,000	A	現　　　　　金	100,000
(1)						
(2)						
(3)						
(4)						
(5)						

〔第2問〕　次の原価計算表と未成工事支出金勘定に基づき，解答用紙の完成工事原価報告書を作成しなさい。　　　　　　　　　　　　　　　　　　　　　　（12点）

原 価 計 算 表

(単位：円)

摘　　要	A工事		B工事		C工事	D工事	合　計
	前期繰越	当期発生	前期繰越	当期発生	当期発生	当期発生	
材 料 費	×××	100,000	×××	×××	88,000	×××	×××
労 務 費	95,000	×××	×××	64,000	×××	86,000	488,000
外 注 費	180,000	100,000	90,000	×××	88,000	78,000	634,000
経 費	90,000	78,000	40,000	38,000	38,000	×××	300,000
合 計	580,000	405,000	×××	×××	250,000	256,000	×××
期末の状況	完　　成		完　　成		未 完 成	未 完 成	

未成工事支出金

(単位：円)

前 期 繰 越	902,000	完成工事原価	×××
材 料 費	400,000	次 期 繰 越	×××
労 務 費	×××		
外 注 費	×××		
経 費	×××		
	×××		×××

完成工事原価報告書

(単位：円)

Ⅰ．	材　料　費	
Ⅱ．	労　務　費	
Ⅲ．	外　注　費	
Ⅳ．	経　　費	
	完成工事原価	

〔第3問〕 次の＜資料１＞及び＜資料２＞に基づき，解答用紙の合計残高試算表（20×5 年11月30日）を完成しなさい。なお，材料は購入のつど材料勘定に記入し，現場 搬入の際に材料費勘定に振り替えている。 （30点）

＜資料１＞

合 計 試 算 表
20×5年11月15日現在

（単位：円）

借　方	勘 定 科 目	貸　方
1,403,000	現　　　　　金	680,000
1,857,000	当 座 預 金	1,703,000
1,594,000	受 取 手 形	1,082,000
1,462,000	完成工事未収入金	540,000
655,000	材　　　　　料	197,000
850,000	機 械 装 置	
426,000	備　　　　　品	
1,302,000	支 払 手 形	2,579,000
311,000	工 事 未 払 金	998,000
1,059,000	借　　入　　金	3,825,000
789,000	未 成 工 事 受 入 金	1,833,000
	資　　本　　金	1,600,000
	完 成 工 事 高	2,994,000
2,228,000	材　　料　　費	
1,681,000	労　　務　　費	
598,000	外　　注　　費	
905,000	経　　　　　費	
817,000	給　　　　　料	
58,000	通　　信　　費	
36,000	支 払 利 息	
18,031,000		18,031,000

＜資料２＞ 20×5年11月16日から11月30日までの取引

16日 現場の動力費￥30,000を現金で支払った。

17日 工事契約が成立し，前受金￥400,000を現金で受け取った。

18日 材料￥186,000を掛けで購入し，資材倉庫に搬入した。

21日 工事の未収代金の決済として￥380,000が当座預金に振り込まれた。

22日 外注業者から作業完了の報告があり，外注代金￥289,000の請求を受けた。

〃 材料￥88,000を資材倉庫より現場に搬入した。

23日 現場作業員の賃金￥256,000を現金で支払った。

〃 本社事務員の給料￥234,000を現金で支払った。

25日 取立依頼中の約束手形￥480,000が支払期日につき，当座預金に入金になった 旨の通知を受けた。

27日　現場事務所の家賃¥87,000を現金で支払った。

29日　本社の電話代¥21,000を支払うため小切手を振り出した。

〃　完成した工事を引き渡し，工事代金¥800,000のうち前受金¥200,000を差し引いた残金を約束手形で受け取った。

30日　材料の掛買代金¥360,000の支払いのため，約束手形を振り出した。

〃　銀行より¥550,000を借り入れ，利息¥5,000を差し引かれた残額が当座預金に入金された。

合計残高試算表
20×5年11月30日現在　　　　　　（単位：円）

借　　方		勘　定　科　目	貸　　方	
残　　高	合　　計		合　　計	残　　高
		現　　　　　金		
		当　座　預　金		
		受　取　手　形		
		完成工事未収入金		
		材　　　　　料		
		機　械　装　置		
		備　　　　品		
		支　払　手　形		
		工　事　未　払　金		
		借　　入　　金		
		未成工事受入金		
		資　　本　　金		
		完　成　工　事　高		
		材　　料　　費		
		労　　務　　費		
		外　　注　　費		
		経　　　　費		
		給　　　　料		
		通　　信　　費		
		支　払　利　息		

〔第4問〕 次の文の ▭ の中に入る最も適当な用語を下記の<用語群>の中から選び，その記号（ア～ス）を解答欄に記入しなさい。 (10点)

(1) 他人振出小切手，ａ，ｂは，現金勘定で処理される。

(2) 固定資産の減価償却総額は，当該資産の取得原価から ｃ を差し引いて計算される。

(3) 企業の主たる経営活動から生ずる収益を ｄ といい，これに属する代表的な勘定科目は，建設業においては ｅ である。

<用語群>

ア 受取利息	イ 郵便為替証書	ウ 利益
エ 営業収益	オ 完成工事高	カ 残存価額
キ 完成工事原価	ク 貸倒引当金	コ 時価
サ 減価償却費	シ 営業外収益	ス 株式配当金領収証

記号（ア～ス）

a	b	c	d	e

〔第5問〕 次の<決算整理事項等>により，解答用紙に示されているＸ工務店の当会計年度（20×3年1月1日～20×3年12月31日）に係る精算表を完成しなさい。なお，工事原価は未成工事支出金勘定を経由して処理する方法によっている。 (28点)

<決算整理事項等>

(1) 機械装置（工事現場用）について¥58,000，備品（一般管理用）について¥18,000の減価償却費を計上する。

(2) 有価証券の時価は¥186,000である。評価額を計上する。

(3) 受取手形と完成工事未収入金の合計額に対して2％の貸倒引当金を設定する（差額補充法）。

(4) 未成工事支出金の次期繰越額は¥404,000である。

(5) 支払家賃には前払分¥8,000が含まれている。

(6) 現金の実際手許有高は¥282,000であったため，不足額は雑損失とする。

(7) 期末において定期預金の未収利息¥2,000と借入金の未払利息¥3,000がある。

精　算　表

（単位：円）

勘定科目	残高試算表 借方	残高試算表 貸方	整理記入 借方	整理記入 貸方	損益計算書 借方	損益計算書 貸方	貸借対照表 借方	貸借対照表 貸方
現　　　　　金	302,000							
当 座 預 金	548,000							
定 期 預 金	100,000							
受 取 手 形	500,000							
完成工事未収入金	800,000							
貸 倒 引 当 金		20,000						
有 価 証 券	228,000							
未成工事支出金	480,000							
材　　　　　料	253,000							
貸 付 金	487,000							
機 械 装 置	800,000							
機械装置減価償却累計額		312,000						
備　　　　　品	100,000							
備品減価償却累計額		21,000						
支 払 手 形		454,000						
工 事 未 払 金		589,000						
借 入 金		698,000						
未成工事受入金		167,000						
資 本 金		1,800,000						
完 成 工 事 高		3,823,000						
受 取 利 息		10,000						
材 料 費	754,000							
労 務 費	679,000							
外 注 費	806,000							
経　　　　　費	517,000							
支 払 家 賃	147,000							
支 払 利 息	6,000							
その他の費用	387,000							
	7,894,000	7,894,000						
完成工事原価								
貸倒引当金繰入額								
減 価 償 却 費								
有価証券評価損								
雑 損 失								
未 収 利 息								
未 払 利 息								
前 払 家 賃								
当 期（　　　）								

第42回（令和5年度）検定試験

〔第1問〕 甲工務店の次の各取引について仕訳を示しなさい。使用する勘定科目は下記の
　　　　 ＜勘定科目群＞から選び，その記号（A〜X）と勘定科目を書くこと。なお，解
　　　　 答は次に掲げた（例）に対する解答例にならって記入しなさい。　　　（20点）

（例）　現金¥100,000を当座預金に預け入れた。

(1)　工事が完成したので発注者へ引き渡し，前受金¥600,000を相殺した残額¥900,000
　　 を発注者振出しの小切手で受け取った。

(2)　建設資材¥800,000を購入し倉庫へ搬入した。なお，代金の支払いは手持ちの約
　　 束手形を裏書譲渡した。また，搬入に伴う引取運賃¥20,000は現金で支払った。

(3)　下請業者に対する外注代金¥3,000,000を小切手で支払った。ただし，当座預金
　　 の残高は¥2,000,000であり，取引銀行とは当座借越契約（借越限度額¥1,200,000）
　　 を結んでいる。なお，当座預金勘定とは別に当座借越勘定を設けている。

(4)　工事現場へ搬入した資材の一部（代金は翌月末払い）に不良品があったため，
　　 ¥62,000の値引きを受けた。

(5)　前期に計上した得意先に対する工事代金の未収分¥600,000が，回収不能となっ
　　 た。なお，貸倒引当金勘定の残高¥500,000がある。

＜勘定科目群＞

A	現　　　　　金	B	当 座 預 金	C	完成工事未収入金
D	受 取 手 形	E	材　　　　料	F	貸 倒 引 当 金
G	未 払 金	H	工 事 未 払 金	J	当 座 借 越
K	支 払 手 形	L	未成工事受入金	M	完 成 工 事 高
N	労 務 費	Q	材 料 費	R	外 注 費
S	通 信 費	T	貸倒引当金繰入額	U	貸 倒 損 失
W	完 成 工 事 原 価	X	損　　　　益		

仕訳　記号（A〜X）も必ず記入のこと

No.	借　方			貸　方		
	記号	勘 定 科 目	金 額	記号	勘 定 科 目	金 額
（例）	B	当 座 預 金	100,000	A	現　　　　金	100,000
(1)						
(2)						
(3)						
(4)						
(5)						

〔第2問〕 次の原価計算表と未成工事支出金勘定に基づき，解答用紙の完成工事原価報告書を作成しなさい。 (12点)

原 価 計 算 表

(単位：円)

摘　　　要	A工事		B工事	C工事	合　　　計
	前期分	当期分	当期分	当期分	
材　料　費	185,320	85,500	340,210	523,750	1,134,780
労　務　費	×××	×××	154,330	136,250	498,440
外　注　費	83,220	×××	×××	230,990	530,190
経　　　費	×××	12,990	58,560	×××	181,630
合　　　計	×××	196,930	723,300	×××	×××
備　　　考	完　成		完　成	未完成	

未成工事支出金

(単位：円)

前 期 繰 越	464,700	完 成 工 事 原 価	×××
材　　料　　費	×××	次 期 繰 越	×××
労　　務　　費	343,240		
外　　注　　費	446,970		
経　　　　　費	140,630		
	×××		×××

完成工事原価報告書

(単位：円)

Ⅰ. 材　料　費	
Ⅱ. 労　務　費	
Ⅲ. 外　注　費	
Ⅳ. 経　　　費	
完成工事原価	

〔第3問〕　次の＜資料１＞及び＜資料２＞に基づき，解答用紙の合計残高試算表（20×6年11月30日）を完成しなさい。なお，材料は購入のつど材料勘定に記入し，現場搬入の際に材料費勘定に振り替えている。　　　　　　　　　（30点）

＜資料１＞

合 計 試 算 表
20×6年11月15日現在

（単位：円）

借　方	勘 定 科 目	貸　方
1,720,000	現　　　　　　金	360,000
1,926,000	当 座 預 金	1,460,000
1,320,000	受 取 手 形	980,000
1,230,000	完成工事未収入金	480,000
810,000	材　　　　　　料	203,000
1,392,000	車 両 運 搬 具	
198,000	備　　　　　　品	
1,680,000	支 払 手 形	2,230,000
422,000	工 事 未 払 金	978,000
1,030,000	借 入 金	3,912,000
831,000	未成工事受入金	1,930,000
	資 本 金	2,220,000
	完 成 工 事 高	2,980,000
1,450,000	材 料 費	
1,582,000	労 務 費	
628,000	外 注 費	
630,000	経 費	
780,000	給 料	
62,000	支 払 家 賃	
42,000	支 払 利 息	
17,733,000		17,733,000

＜資料２＞　20×6年11月16日から11月30日までの取引

16日　本社事務所の家賃￥97,000を支払うため小切手を振り出した。

17日　材料￥140,000を本社倉庫より工事現場に送った。

18日　取立依頼中の約束手形￥300,000が期日到来につき，当座預金に入金になった旨の通知を受けた。

21日　工事代金の前受金として￥580,000が当座預金に振り込まれた。

22日　外注業者から作業完了の報告があり，その外注代金￥240,000の請求を受けた。

　〃　完成した工事を引き渡し，工事代金￥1,000,000のうち前受金￥400,000を差し引いた残金を請求した。

23日　現場作業員の賃金￥430,000を現金で支払った。

　〃　本社事務員の給料￥260,000を現金で支払った。

25日　支払手形のうち¥360,000が期日到来につき，当座預金から引き落とされた。

27日　工事現場の電気代¥23,000を現金で支払った。

29日　材料¥470,000を掛けで購入し，本社倉庫に搬入した。

〃　完成し発注者に引渡し済である工事の未収代金¥300,000を小切手で受け取った。

30日　借入金¥400,000，工事未払金¥250,000の支払いのため，それぞれ小切手を振り出した。

〃　借入金の利息¥18,000が当座預金から引き落とされた。

合計残高試算表
20×6年11月30日現在　　　　　　　　（単位：円）

借　　方		勘 定 科 目	貸　　方	
残　　高	合　　計		合　　計	残　　高
		現　　　　　金		
		当 座 預 金		
		受 取 手 形		
		完成工事未収入金		
		材　　　　　料		
		車 両 運 搬 具		
		備　　　　　品		
		支 払 手 形		
		工 事 未 払 金		
		借　 入　 金		
		未 成 工 事 受 入 金		
		資　　本　　金		
		完 成 工 事 高		
		材　　料　　費		
		労　　務　　費		
		外　　注　　費		
		経　　　　　費		
		給　　　　　料		
		支 払 家 賃		
		支 払 利 息		

〔**第4問**〕　次の文の　□□□　の中に入る最も適当な用語を下記の＜用語群＞の中から選び，その記号（ア～ス）を解答欄に記入しなさい。　　　　　　　　　　（10点）

(1)　受取利息は　a　の勘定に属し，前受利息は　b　の勘定に属する勘定科目である。

(2)　固定資産の補修において，当該資産の耐用年数を延長させるような支出を　c　という。

(3)　完成工事未収入金の回収可能見積額は，その勘定の　d　残高から　e　を差し引いて計算される。

＜用語群＞

ア　資　　　　産	イ　負　　　　債	ウ　期　　　　首
エ　費　　　　用	オ　収　　　　益	カ　資 本 的 支 出
キ　修　　繕　　費	ク　収 益 的 支 出	コ　減 価 償 却 費
サ　貸 倒 引 当 金	シ　付 随 費 用	ス　期　　　　末

記号（ア～ス）

a	b	c	d	e

〔**第5問**〕　次の＜決算整理事項等＞により，解答用紙に示されているＸ工務店の当会計年度（20×7年1月1日～20×7年12月31日）に係る精算表を完成しなさい。なお，工事原価は未成工事支出金勘定を経由して処理する方法によっている。　（28点）

＜決算整理事項等＞

(1)　現金過不足の残高¥500を雑損失勘定に振り替える。

(2)　機械装置（工事現場用）について¥72,000，備品（一般管理用）について¥16,000の減価償却費を計上する。

(3)　受取手形と完成工事未収入金の合計額に対して3％の貸倒引当金を設定する（差額補充法）。

(4)　有価証券の時価は¥203,000である。評価損を計上する。

(5)　保険料には前払分¥10,000が含まれている。

(6)　借入金利息の未払分¥13,000を計上する。

(7)　未成工事支出金の期末残高は¥660,000である。

精　算　表

（単位：円）

勘 定 科 目	残高試算表		整 理 記 入		損益計算書		貸借対照表	
	借　方	貸　方	借　方	貸　方	借　方	貸　方	借　方	貸　方
現　　　　金	382,000							
現 金 過 不 足	500							
当 座 預 金	130,000							
受 取 手 形	660,000							
完成工事未収入金	730,000							
貸 倒 引 当 金		20,500						
有 価 証 券	218,000							
未成工事支出金	530,000							
材　　　　料	246,000							
貸 付 金	329,000							
機 械 装 置	800,000							
機械装置減価償却累計額		216,000						
備　　　　品	320,000							
備品減価償却累計額		64,000						
支 払 手 形		825,000						
工 事 未 払 金		739,000						
借 入 金		902,000						
未成工事受入金		171,000						
資 本 金		1,700,000						
完 成 工 事 高		2,619,000						
受 取 利 息		30,000						
材 料 費	811,000							
労 務 費	433,000							
外 注 費	772,000							
経 費	411,000							
保 険 料	132,000							
支 払 利 息	8,000							
その他の費用	374,000							
	7,286,500	7,286,500						
完成工事原価								
貸倒引当金繰入額								
減 価 償 却 費								
有価証券評価損								
雑 損 失								
未 払 利 息								
前 払 保 険 料								
当 期（　　　）								

解答・解説編

第33回(平成25年度)検定試験

第1問

【解答】

No.	借 方			貸 方		
	記号	勘定科目	金　額	記号	勘定科目	金　額
(例)	B	当座預金	100,000	A	現　　　金	100,000
(1)	A	現　　　金	423,000	G	有価証券	380,000
				J	有価証券売却益	43,000
(2)	L	支払手形	530,000	B	当座預金	380,000
				M	当座借越	150,000
(3)	Q	労務費	286,000	U	預り金	23,000
				P	立替金	18,000
				A	現　　　金	245,000
(4)	R	機械装置	1,250,000	A	現　　　金	850,000
				F	未払金	400,000
(5)	E	工事未払金	40,000	S	材料費	40,000

【解説】

1. 取得原価と売却額の差額が, 有価証券売却益になる。
2. 手形引落しに関する当座預金不足額は, 負債勘定の当座借越を計上する。
3. 賃金支払時に控除される所得税源泉徴収分は, 負債である預り金勘定を計上する。また, 立替金は立替時に下記の処理を行っているので, この借方の立替金を貸方に計上して相殺消去することになる。

   立替払時:(借)立替金 18,000 （貸)現　　金 18,000

4. 固定資産購入に関する未払分は, 買掛金ではなく未払金勘定を計上する。
5. 材料費と工事未払金をそれぞれ相殺して減額することになる。

（第2問）

【解　答】

問1　¥ | 183,600 |

問2　¥ | 695,800 |

問3　¥ | 419,000 |

問4　¥ | 277,500 |

【解　説】

工事原価計算表

平成×年9月　　　　　　　　　　　　　　　（単位：円）

摘　要	A工事		B工事		C工事		D工事	合　計
	前月繰越	当月発生	前月繰越	当月発生	前月繰越	当月発生	当月発生	
材　料　費	34,900	(115,400)	78,300	48,900	(45,600)	58,200	49,100	430,400
労　務　費	16,800	83,900	52,800	(21,500)	39,700	40,300	(37,900)	292,900
外　注　費	12,300	74,200	60,200	19,700	(24,100)	36,400	49,100	(276,000)
経　　　費	9,600	24,100	(34,800)	(8,400)	18,600	13,300	6,700	115,500
合　　　計	(73,600)	297,600	(226,100)	98,500	128,000	(148,200)	(142,800)	(1,114,800)
備　　　考	完　　成		完　　成		未　完　成		未完成	

問1　当月発生の労務費
　　　　83,900円〔A工事〕＋21,500円〔B工事〕＋40,300円〔C工事〕＋37,900円〔D工事〕＝183,600円

問2　当月の完成工事原価
　　　　（73,600円＋297,600円）〔A工事〕＋（226,100円＋98,500円）〔B工事〕＝695,800円

問3　当月末の未成工事支出金の残高
　　　　（128,000円＋148,200円）〔C工事〕＋142,800円〔D工事〕＝419,000円

問4　当月の完成工事原価報告書に示される材料費
　　　　（34,900円＋115,400円）〔A工事〕＋（78,300円＋48,900円）〔B工事〕＝277,500円

【第3問】

【解　答】

合計残高試算表

平成×年11月30日　　　　　　　　　　　　　　（単位：円）

借　方		勘 定 科 目	貸　方	
残　高	合　計		合　計	残　高
156,000	1,153,000	現　　　　　　　金	997,000	
1,261,000	2,945,000	当 座 預 金	1,684,000	
152,000	2,094,000	受 取 手 形	1,942,000	
332,000	1,452,000	完 成 工 事 未 収 入 金	1,120,000	
266,000	731,000	材　　　　　　　料	465,000	
550,000	550,000	機 械 装 置		
456,000	456,000	備　　　　　　　品		
	1,312,000	支 払 手 形	2,409,000	1,097,000
	671,000	工 事 未 払 金	1,223,000	552,000
	1,089,000	借　　　入　　　金	3,175,000	2,086,000
	1,089,000	未 成 工 事 受 入 金	1,933,000	844,000
		資　　　本　　　金	1,000,000	1,000,000
		完 成 工 事 高	3,504,000	3,504,000
2,096,000	2,096,000	材　　　料　　　費		
1,617,000	1,617,000	労　　　務　　　費		
1,087,000	1,087,000	外　　　注　　　費		
552,000	552,000	経　　　　　　　費		
451,000	451,000	給　　　　　　　料		
79,000	79,000	通　　　信　　　費		
28,000	28,000	支 払 利 息		
9,083,000	19,452,000		19,452,000	9,083,000

【解　説】

平成×年11月21日から11月30日までの取引

21日　（借）現　　　　　金　300,000　　（貸）未成工事受入金　300,000

22日　（借）現　　　　　金　50,000　　（貸）当 座 預 金　50,000

23日　（借）材　　　　　料　126,000　　（貸）工 事 未 払 金　126,000

24日　（借）当 座 預 金　280,000　　（貸）完成工事未収入金　280,000

25日　（借）外　注　費　189,000　　（貸）工 事 未 払 金　189,000

〃　　（借）材　料　費　68,000　　（貸）材　　　　　料　68,000

26日　（借）労　務　費　236,000　　（貸）現　　　　　金　236,000

26日	(借)	給　　　　料	134,000		(貸)	現　　　　金	134,000
27日	(借)	当 座 預 金	460,000		(貸)	受 取 手 形	460,000
28日	(借)	経　　　　費	47,000		(貸)	現　　　　金	47,000
29日	(借)	通 信 費	31,000		(貸)	当 座 預 金	31,000
〃	(借)	受 取 手 形	400,000		(貸)	完 成 工 事 高	600,000
		未成工事受入金	200,000			
30日	(借)	工 事 未 払 金	260,000		(貸)	支 払 手 形	260,000
〃	(借)	当 座 預 金	148,000		(貸)	借 入 金	150,000
		支 払 利 息	2,000			

第4問

【解答】

a	b	c	d	e
ウ	ク	オ	コ	イ

【解説】

1. 収益と費用は，利益を計算する要素であり，その金額は，損益計算書に計上される。

2. 支払利息勘定は，費用勘定であり，未払利息は借入を行っているものに対する支払義務の発生している負債勘定になる。

3. 固定資産の価値を増加させる支出と現状回復のための支出額が，それぞれ資本的支出，収益的支出と呼ばれる。

第5問

【解答】

精算表

（単位：円）

勘定科目	残高試算表 借方	残高試算表 貸方	整理記入 借方	整理記入 貸方	損益計算書 借方	損益計算書 貸方	貸借対照表 借方	貸借対照表 貸方
現　　　金	342,000						342,000	
当 座 預 金	448,000						448,000	
受 取 手 形	531,000						531,000	
完成工事未収入金	723,000						723,000	
貸 倒 引 当 金		12,400		③ 12,680				25,080
有 価 証 券	294,000			② 37,600			256,400	
未成工事支出金	456,000		④ 2,514,000	④ 2,576,000			394,000	
材　　　料	383,000						383,000	
貸 付 金	410,000						410,000	
機 械 装 置	662,000						662,000	
機械装置減価償却累計額		246,000		① 68,000				314,000
備　　　品	368,000						368,000	
備品減価償却累計額		84,000		① 23,000				107,000
支 払 手 形		694,000						694,000
工 事 未 払 金		423,000						423,000
借 入 金		298,000						298,000
未成工事受入金		189,000						189,000
資 本 金		2,000,000						2,000,000
完 成 工 事 高		3,654,000				3,654,000		
受 取 利 息		5,800				5,800		
材 料 費	894,000			④ 894,000				
労 務 費	619,000			④ 619,000				
外 注 費	536,000			④ 536,000				
経　　　費	397,000		① 68,000	④ 465,000				
支 払 家 賃	149,000			⑤ 8,400	140,600			
支 払 利 息	7,200				7,200			
その他の費用	387,000				387,000			
	7,606,200	7,606,200						
完 成 工 事 原 価			④ 2,576,000		2,576,000			
貸倒引当金繰入額			③ 12,680		12,680			
減 価 償 却 費			① 23,000		23,000			
有価証券評価損			② 37,600		37,600			
前 払 家 賃			⑤ 8,400				8,400	
			5,239,680	5,239,680	3,184,080	3,659,800	4,525,800	4,050,080
当 期 （純利益）					475,720			475,720
					3,659,800	3,659,800	4,525,800	4,525,800

【解　説】

整理記入欄で処理されている決算整理仕訳は，次の通りである。

1．減価償却費の計上（整理記入①）

(借) 経　　　　　費　　68,000　　(貸) 機 械 装 置
減価償却累計額　　68,000

(借) 減 価 償 却 費　　23,000　　(貸) 備　　　　品
減価償却累計額　　23,000

2．有価証券の評価（整理記入②）

(借) 有価証券評価損　　37,600　　(貸) 有 価 証 券　　37,600

　※　内訳：294,000円－256,400円＝37,600円

3．貸倒引当金の繰入（整理記入③）

(借) 貸倒引当金繰入額　　12,680　　(貸) 貸 倒 引 当 金　　12,680

　※　内訳：(531,000円＋723,000円)×2％－12,400円＝12,680円

4．完成工事原価の振替（整理記入④）

(1)　期末における原価要素の振替

(借) 未成工事支出金　　2,514,000　　(貸) 材　　料　　費　　894,000
労　　務　　費　　619,000
外　　注　　費　　536,000
経　　　　　費　　465,000

(2)　完成工事原価の振替

(借) 完 成 工 事 原 価　　2,576,000　　(貸) 未成工事支出金　　2,576,000

(参考)

未成工事支出金

前 期 繰 越	456,000	完 成 工 事 原 価	2,576,000
材　　料　　費	894,000	次 期 繰 越	**394,000**
労　　務　　費	619,000		
外　　注　　費	536,000		
経　　　　　費	465,000		
	2,970,000		2,970,000

5．前払家賃の計上（整理記入⑤）

(借) 前 払 家 賃　　8,400　　(貸) 支 払 家 賃　　8,400

第34回(平成26年度)検定試験

第1問

【解　答】

No.	借　方			貸　方		
	記号	勘　定　科　目	金　額	記号	勘　定　科　目	金　額
(例)	B	当　座　預　金	100,000	A	現　　　　金	100,000
(1)	E	有　価　証　券	490,000	B	当　座　預　金	490,000
(2)	D	仮　　受　　金	870,000	G	未成工事受入金	870,000
(3)	B U	当　座　預　金 手　形　売　却　損	314,600 5,400	J	受　取　手　形	320,000
(4)	N	外　　注　　費	1,100,000	H	工　事　未　払　金	1,100,000
(5)	Q	損　　　　益	750,000	S	資　　本　　金	750,000

【解　説】

1. 購入した社債は5,000口（＝500,000円÷@100円）であり，その購入額は一口当たり98円である。

　　　有価証券：@98円×5,000口＝490,000円

2. 仮受金を現金で受け入れていると想定すれば，すでに貸方に仮受金勘定を計上されているので，これを相殺することになる。

　　　受入時：（借）現　　　　金　870,000　（貸）仮　受　金　870,000

3. 手形を売却した場合に支払う割引料は，手形売却損勘定で処理される。

4. 下請業者からの出来高報告は外注費を計上し，その支払いがまだ行われていないときは工事未払金勘定を計上する。

5. 当期純利益は集合勘定である損益勘定の借方で計上され，個人事業者の場合は資本金勘定の貸方へ振り替えられる。

第2問

【解答】

完成工事原価報告書

(単位：円)

Ⅰ.	材　料　費	407,000
Ⅱ.	労　務　費	319,000
Ⅲ.	外　注　費	223,000
Ⅳ.	経　　　費	154,000
	完成工事原価	1,103,000

【解説】

工事原価計算表

(単位：円)

摘　　要	101号工事		102号工事		103号工事	104号工事	合　計
	前期繰越	当期発生	前期繰越	当期発生	当期発生	当期発生	
材　料　費	196,000	(98,000)	58,000	86,000	113,000	83,000	634,000
労　務　費	(145,000)	85,000	49,000	(71,000)	89,000	(64,000)	(503,000)
外　注　費	97,000	(69,000)	62,000	45,000	(57,000)	36,000	366,000
経　　　費	72,000	56,000	(38,000)	32,000	26,000	(19,000)	243,000
合　　計	510,000	308,000	(207,000)	(234,000)	(285,000)	202,000	(1,746,000)
期末の状況	完　　成		未　完　成		完　　成	未　完　成	

未成工事支出金

(単位：円)

前　期　繰　越	717,000	完　成　工　事　原　価	(1,103,000)	
材　　料　　費	(380,000)	次　期　繰　越	(643,000)	
労　　務　　費	309,000			
外　　注　　費	(207,000)			
経　　　　　費	(133,000)			
	(1,746,000)		(1,746,000)	

Ⅰ　材　料　費　(196,000円 + 98,000円) + 113,000円 = 407,000円

Ⅱ　労　務　費　(145,000円 + 85,000円) + 89,000円 = 319,000円

Ⅲ　外　注　費　(97,000円 + 69,000円) + 57,000円 = 223,000円

Ⅳ　経　　　費　(72,000円 + 56,000円) + 26,000円 = 154,000円

第3問

【解　答】

合計残高試算表
平成×年5月31日現在　　　　　　　（単位：円）

借　方		勘 定 科 目	貸　方	
残　　高	合　　計		合　　計	残　　高
844,000	2,022,000	現　　　　　金	1,178,000	
916,000	2,869,000	当 座 預 金	1,953,000	
308,000	1,585,000	受 取 手 形	1,277,000	
670,000	1,616,000	完成工事未収入金	946,000	
336,000	737,000	材　　　　　料	401,000	
485,000	485,000	機 械 装 置		
319,000	319,000	備　　　　　品		
	1,088,000	支 払 手 形	2,326,000	1,238,000
	659,000	工 事 未 払 金	1,049,000	390,000
	1,114,000	借　　入　　金	2,247,000	1,133,000
	892,000	未成工事受入金	1,333,000	441,000
		資　　本　　金	2,000,000	2,000,000
		完 成 工 事 高	3,328,000	3,328,000
1,579,000	1,579,000	材　　料　　費		
1,398,000	1,398,000	労　　務　　費		
628,000	628,000	外　　注　　費		
395,000	395,000	経　　　　　費		
519,000	519,000	給　　　　　料		
118,000	118,000	支 払 家 賃		
		雑　　収　　入	9,000	9,000
24,000	24,000	支 払 利 息		
8,539,000	18,047,000		18,047,000	8,539,000

【解　説】

平成×年5月21日から5月31日までの取引

21日	（借）材　　　　　料	214,000	（貸）工 事 未 払 金	214,000
22日	（借）現　　　　　金	360,000	（貸）完成工事未収入金	360,000
23日	（借）当 座 預 金	190,000	（貸）未成工事受入金	190,000
24日	（借）現　　　　　金	100,000	（貸）当 座 預 金	100,000

25日	（借）労　務　費	432,000	（貸）現　　　　金	432,000
〃	（借）給　　　　料	298,000	（貸）現　　　　金	298,000
26日	（借）材　料　費	123,000	（貸）材　　　　料	123,000
27日	（借）当　座　預　金	240,000	（貸）受　取　手　形	240,000
28日	（借）支　払　家　賃	85,000	（貸）当　座　預　金	85,000
29日	（借）工　事　未　払　金	372,000	（貸）支　払　手　形	372,000
30日	（借）支　払　手　形	170,000	（貸）当　座　預　金	170,000
〃	（借）経　　　　費	42,000	（貸）現　　　　金	42,000
31日	（借）借　　入　　金	350,000	（貸）当　座　預　金	356,000
	支　払　利　息	6,000		
〃	（借）完成工事未収入金	600,000	（貸）完　成　工　事　高	800,000
	未成工事受入金	200,000		

第4問

【解　答】

a	b	c	d	e
ウ	カ	シ	ア	イ

【解　説】

1．減価償却の記帳方法には，評価勘定である減価償却累計額を計上する間接記入法と，減価償却費相当額を固定資産の帳簿価額からマイナスする直接記入法がある。

2．主たる営業活動に関係する費用は販売費及び一般管理費であり，付随的活動で発生する費用は営業外費用に該当する。

3．債権である完成工事未収入金は，その回収不能も予想されるために貸倒引当金をマイナスした金額が適切な評価額であると考えられる。

第5問

【解答】

精算表

(単位：円)

勘定科目	残高試算表 借方	残高試算表 貸方	整理記入 借方	整理記入 貸方	損益計算書 借方	損益計算書 貸方	貸借対照表 借方	貸借対照表 貸方
現 金	209,000						209,000	
当 座 預 金	349,000						349,000	
受 取 手 形	563,000						563,000	
完成工事未収入金	417,000						417,000	
貸 倒 引 当 金		11,200		③ 8,400				19,600
有 価 証 券	276,000			② 12,000			264,000	
未成工事支出金	436,000		⑥1,525,000	⑥1,772,000			189,000	
材 料	291,000						291,000	
貸 付 金	180,000						180,000	
機 械 装 置	540,000						540,000	
機械装置減価償却累計額		248,000		① 35,000				283,000
備 品	460,000						460,000	
備品減価償却累計額		168,000		① 29,000				197,000
支 払 手 形		679,000						679,000
工 事 未 払 金		497,000						497,000
借 入 金		366,000						366,000
未成工事受入金		252,000						252,000
資 本 金		1,000,000						1,000,000
完 成 工 事 高		2,167,000				2,167,000		
受 取 利 息		16,000		⑤ 1,300		17,300		
材 料 費	524,000			⑥ 524,000				
労 務 費	469,000			⑥ 469,000				
外 注 費	335,000			⑥ 335,000				
経 費	162,000		① 35,000	⑥ 197,000				
保 険 料	41,200			④ 2,500	38,700			
支 払 利 息	24,000				24,000			
その他の費用	128,000				128,000			
	5,404,200	5,404,200						
完 成 工 事 原 価			⑥1,772,000		1,772,000			
貸倒引当金繰入額			③ 8,400		8,400			
有価証券評価損			② 12,000		12,000			
減 価 償 却 費			① 29,000		29,000			
前 払 保 険 料			④ 2,500				2,500	
未 収 利 息			⑤ 1,300				1,300	
			3,385,200	3,385,200	2,012,100	2,184,300	3,465,800	3,293,600
当期（純利益）					172,200			172,200
					2,184,300	2,184,300	3,465,800	3,465,800

【解　説】

　整理記入欄で処理されている決算整理仕訳は，次の通りである。

1．減価償却費の計上（整理記入①）

（借）経　　　　　　費　　35,000　　（貸）機　械　装　置　減価償却累計額　　35,000

（借）減 価 償 却 費　　29,000　　（貸）備　　　　　品　減価償却累計額　　29,000

2．有価証券の評価（整理記入②）

（借）有価証券評価損　　12,000　　（貸）有　価　証　券　　12,000

　　※　内訳：276,000円 − 264,000円 = 12,000円

3．貸倒引当金の繰入（整理記入③）

（借）貸倒引当金繰入額　　8,400　　（貸）貸 倒 引 当 金　　8,400

　　※　内訳：（563,000円 + 417,000円）× 2 % − 11,200円 = 8,400円

4．前払保険料の計上（整理記入④）

（借）前 払 保 険 料　　2,500　　（貸）保　　険　　料　　2,500

5．未収利息の計上（整理記入⑤）

（借）未 収 利 息　　1,300　　（貸）受 取 利 息　　1,300

6．完成工事原価の振替（整理記入⑥）

（1）　期末における原価要素の振替

（借）未成工事支出金　　1,525,000　　（貸）材　　料　　費　　524,000

　　　　　　　　　　　　　　　　　　　　　　労　　務　　費　　469,000

　　　　　　　　　　　　　　　　　　　　　　外　　注　　費　　335,000

　　　　　　　　　　　　　　　　　　　　　　経　　　　　費　　197,000

（2）　完成工事原価の振替

（借）完 成 工 事 原 価　　1,772,000　　（貸）未成工事支出金　　1,772,000

（参考）

未成工事支出金

前 期 繰 越	436,000	完成工事原価	1,772,000
材 料 費	524,000	次 期 繰 越	**189,000**
労 務 費	469,000		
外 注 費	335,000		
経 費	197,000		
	1,961,000		1,961,000

第35回（平成27年度）検定試験

第1問

【解　答】

No.	借　　方			貸　　方		
	記号	勘 定 科 目	金　　額	記号	勘 定 科 目	金　　額
（例）	B	当 座 預 金	100,000	A	現　　　　　　金	100,000
（1）	D B	当 座 借 越 当 座 預 金	450,000 200,000	R	完成工事未収入金	650,000
（2）	S	旅 費 交 通 費	55,000	C	現 金 過 不 足	55,000
（3）	E	有 価 証 券	1,530,000	B	当 座 預 金	1,530,000
（4）	N	外 　 注 　 費	800,000	J H	受 　 取 　 手 　 形 工 事 未 払 金	500,000 300,000
（5）	A	現　　　　　　金	30,000	F	貸 　 付 　 金	30,000

【解　説】
1．工事代金の入金があったが，銀行からの借入に該当する当座借越（負債勘定）があ
　　るので，まずこれを借方で返済処理する。
2．現金不足が発生したときに下記の処理が行われ，今回は，このときに計上した現金
　　過不足勘定を精算消去する。
　　　現金不足発生時：
　　　　（借）現 金 過 不 足　　55,000　　　（貸）現　　　　　金　　55,000
3．有価証券購入時の証券会社への支払手数料は，有価証券の取得原価に算入しなけれ
　　ばならない。
4．保有する手形を裏書して支払先に引き渡したときは，貸方を受取手形として処理す
　　る。
5．簿記では，郵便為替証書は，通貨代用証券と呼ばれ，現金勘定で処理する。

第2問

【解　答】

完成工事原価報告書

（単位：円）

Ⅰ．材　料　費	426,000
Ⅱ．労　務　費	358,000
Ⅲ．外　注　費	415,000
Ⅳ．経　　　費	233,000
完成工事原価	1,432,000

【解　説】

原　価　計　算　表

（単位：円）

摘　　要	A工事 前期繰越	A工事 当期発生	B工事 前期繰越	B工事 当期発生	C工事 当期発生	D工事 当期発生	合　計
材　料　費	(140,000)	95,000	(106,000)	(85,000)	47,000	(66,000)	(539,000)
労　務　費	105,000	(116,000)	(83,000)	54,000	(67,000)	74,000	499,000
外　注　費	150,000	120,000	88,000	(57,000)	51,000	68,000	534,000
経　　　費	85,000	74,000	45,000	29,000	18,000	(36,000)	287,000
合　　　計	480,000	405,000	(322,000)	(225,000)	183,000	244,000	(1,859,000)
期末の状況	完　　成		完　　成		未完成	未完成	

（注）　完成工事原価報告書の材料費等は，A，B工事の前記繰越と当期発生額の合計である。

材料費：(140,000円 + 95,000円) + (106,000円 + 85,000円) = 426,000円

（A工事）　　　　　　　　（B工事）　　　　　　（報告書）

未成工事支出金

（単位：円）

前　期　繰　越	802,000	完成工事原価	(1,432,000)
材　　料　　費	293,000	次　期　繰　越	(427,000)
労　　務　　費	(311,000)		
外　　注　　費	(296,000)		
経　　　　　費	(157,000)		
	(1,859,000)		(1,859,000)

労務費：116,000円＋54,000円＋67,000円＋74,000円＝311,000円

（A工事）（B工事）（C工事）（D工事）

外注費：120,000円＋57,000円＋51,000円＋68,000円＝296,000円

経　費：　74,000円＋29,000円＋18,000円＋36,000円＝157,000円

第3問

【解　答】

合計残高試算表

平成×年6月30日現在　　　　　　　　　　　　　（単位：円）

借　方		勘　定　科　目	貸　方	
残　　高	合　　　計		合　　　計	残　　高
223,000	826,000	現　　　　　金	603,000	
876,000	1,504,000	当　座　預　金	628,000	
138,000	624,000	受　取　手　形	486,000	
469,000	957,000	完成工事未収入金	488,000	
272,000	515,000	材　　　　　料	243,000	
390,000	390,000	機　械　装　置		
210,000	210,000	備　　　　　品		
	500,000	支　払　手　形	889,000	389,000
	365,000	工　事　未　払　金	695,000	330,000
	287,000	借　　入　　金	968,000	681,000
	411,000	未成工事受入金	643,000	232,000
		資　　本　　金	1,500,000	1,500,000
		完　成　工　事　高	2,900,000	2,900,000
881,000	881,000	材　　料　　費		
973,000	973,000	労　　務　　費		
935,000	935,000	外　　注　　費		
308,000	308,000	経　　　　　費		
300,000	300,000	給　　　　　料		
50,000	50,000	支　払　家　賃		
		雑　　収　　入	5,000	5,000
12,000	12,000	支　払　利　息		
6,037,000	10,048,000		10,048,000	6,037,000

【解　説】

平成×年6月21日から6月30日までの取引

21日	（借）現　　　　金	100,000	（貸）未成工事受入金	100,000
〃	（借）材　　　　料	65,000	（貸）工事未払金	65,000
22日	（借）当座預金	160,000	（貸）完成工事未収入金	160,000
23日	（借）外　注　費	150,000	（貸）工事未払金	150,000
24日	（借）工事未払金	200,000	（貸）支払手形	200,000
25日	（借）労　務　費	180,000	（貸）現　　　　金	180,000
〃	（借）給　　　　料	140,000	（貸）現　　　　金	140,000
26日	（借）材　料　費	58,000	（貸）材　　　　料	58,000
27日	（借）当座預金	100,000	（貸）受取手形	100,000
28日	（借）支払家賃	25,000	（貸）現　　　　金	25,000
29日	（借）未成工事受入金	150,000	（貸）完成工事高	550,000
	完成工事未収入金	400,000		
30日	（借）支払手形	180,000	（貸）当座預金	180,000
〃	（借）当座預金	299,000	（貸）借　入　金	300,000
	支払利息	1,000		

第4問

【解　答】

a	b	c	d	e
カ	コ	オ	サ	イ

【解　説】
(1) 工事台帳は，現場別に材料費等を集計するための帳簿であり，未成工事支出金勘定の補助をする役割がある。
(2) 材料の消費数量を把握する方法には，材料元帳等の記帳を前提とする継続記録法と，期末において材料の実地棚卸により当期仕入高との差引計算によりその消費額を把握する棚卸計算法がある。
(3) 利息受取額のうち当期に帰属しない部分の利息は，決算において負債勘定の前受利息に振り替えられることになる。

第5問

【解 答】

精 算 表

（単位：円）

勘定科目	残高試算表 借方	残高試算表 貸方	整理記入 借方	整理記入 貸方	損益計算書 借方	損益計算書 貸方	貸借対照表 借方	貸借対照表 貸方
現　　　金	320,000						320,000	
当 座 預 金	520,000						520,000	
受 取 手 形	448,000						448,000	
完成工事未収入金	382,000						382,000	
貸 倒 引 当 金		10,600		③　6,000				16,600
有 価 証 券	388,000			②　38,000			350,000	
未成工事支出金	491,000		⑥1,949,000	⑥2,060,000			380,000	
材　　　料	356,000						356,000	
貸 付 金	230,000						230,000	
機 械 装 置	650,000						650,000	
機械装置減価償却累計額		240,000		①　48,000				288,000
備　　　品	430,000						430,000	
備品減価償却累計額		155,000		①　31,000				186,000
支 払 手 形		527,000						527,000
工 事 未 払 金		683,000						683,000
借 入 金		348,000						348,000
未成工事受入金		368,000						368,000
資 本 金		1,000,000						1,000,000
完 成 工 事 高		2,984,000				2,984,000		
受 取 利 息		21,000		⑤　2,400		23,400		
材 料 費	736,000			⑥　736,000				
労 務 費	528,000			⑥　528,000				
外 注 費	456,000			⑥　456,000				
経 費	181,000		①　48,000	⑥　229,000				
保 険 料	36,600			④　4,000	32,600			
支 払 利 息	30,000				30,000			
その他の費用	154,000				154,000			
	6,336,600	6,336,600						
完成工事原価			⑥2,060,000		2,060,000			
貸倒引当金繰入額			③　6,000		6,000			
有価証券評価損			②　38,000		38,000			
減 価 償 却 費			①　31,000		31,000			
前 払 保 険 料			④　4,000				4,000	
未 収 利 息			⑤　2,400				2,400	
			4,138,400	4,138,400	2,351,600	3,007,400	4,072,400	3,416,600
当期（純利益）					655,800			655,800
					3,007,400	3,007,400	4,072,400	4,072,400

【解 説】
　整理記入欄で処理されている決算整理仕訳は，次の通りである。

1．減価償却費の計上（整理記入①）

（借）経　　　　費　48,000　（貸）機械装置
減価償却累計額　48,000

（借）減価償却費　31,000　（貸）備　品
減価償却累計額　31,000

2．有価証券の評価（整理記入②）

（借）有価証券評価損　38,000　（貸）有価証券　38,000
　※　内訳：388,000円 － 350,000円 ＝ 38,000円

3．貸倒引当金の繰入（整理記入③）

（借）貸倒引当金繰入額　6,000　（貸）貸倒引当金　6,000
　※　内訳：(448,000円 ＋ 382,000円) × 2％ － 10,600円 ＝ 6,000円

4．前払保険料の計上（整理記入④）

（借）前払保険料　4,000　（貸）保　険　料　4,000

5．未収利息の計上（整理記入⑤）

（借）未収利息　2,400　（貸）受取利息　2,400

6．完成工事原価の振替（整理記入⑥）

(1) 期末における原価要素の振替
（借）未成工事支出金　1,949,000　（貸）材　料　費　736,000
　　　　　　　　　　　　　　　　　　　　労　務　費　528,000
　　　　　　　　　　　　　　　　　　　　外　注　費　456,000
　　　　　　　　　　　　　　　　　　　　経　　　費　229,000

(2) 完成工事原価の振替
（借）完成工事原価　2,060,000　（貸）未成工事支出金　2,060,000

（参考）

未成工事支出金

前 期 繰 越	491,000	完 成 工 事 原 価	2,060,000
材 料 費	736,000	次 期 繰 越	380,000
労 務 費	528,000		
外 注 費	456,000		
経 費	229,000		
	2,440,000		2,440,000

第36回（平成28年度）検定試験

第1問

【解答】

No.	借方 記号	借方 勘定科目	借方 金額	貸方 記号	貸方 勘定科目	貸方 金額
（例）	B	当座預金	100,000	A	現金	100,000
(1)	E	有価証券	1,875,000	B	当座預金	1,875,000
(2)	N	外注費	1,000,000	J	受取手形	450,000
				H	工事未払金	550,000
(3)	W	貸倒引当金	900,000	G	完成工事未収入金	1,400,000
	S	貸倒損失	500,000			
(4)	R	機械装置	598,000	B	当座預金	333,000
				D	当座借越	265,000
(5)	M	損益	850,000	C	資本金	850,000

【解説】

1. 購入額と手数料の合計額を，有価証券勘定に計上する。
2. 保有する約束手形を裏書譲渡したときは，受取手形勘定をマイナスさせる。
3. 完成工事未収入金の回収不能額が貸倒引当金勘定の金額を超過する場合は，貸倒損失で処理する。
4. 小切手振出額が当座預金残高を超える場合は，負債勘定である当座借越を計上する。
5. 当期純利益は，決算において集合勘定である損益から純資産勘定の資本金への振替が行われる。

第2問

【解 答】

完成工事原価報告書

（単位：円）

Ⅰ.	材　料　費		266,000
Ⅱ.	労　務　費		197,000
Ⅲ.	外　注　費		252,000
Ⅳ.	経　　　費		110,000
	完成工事原価		825,000

【解 説】

原 価 計 算 表

（単位：円）

摘　　要	A工事		B工事		C工事	D工事	合　計
	前期繰越	当期発生	前期繰越	当期発生	当期発生	当期発生	
材　料　費	(48,000)	140,000	54,000	(33,000)	(78,000)	(92,000)	445,000
労　務　費	50,000	103,000	(27,000)	58,000	(44,000)	52,000	334,000
外　注　費	(70,000)	(84,000)	75,000	90,000	98,000	37,000	(454,000)
経　　費	20,000	32,000	(13,000)	28,000	58,000	33,000	184,000
合　　計	188,000	(359,000)	169,000	(209,000)	278,000	214,000	(1,417,000)
期末の状況	完成・引渡完了		未　完　成		完成・引渡完了	未完成	

（注）　完成工事原価報告書の材料費等は，A工事，C工事の前期繰越と当期発生額の合計である。

材料費：$\underset{\text{A工事}}{(48,000円+140,000円)}+\underset{\text{C工事}}{78,000円}=\underset{\text{報告書}}{266,000円}$

未成工事支出金

（単位：円）

前　期　繰　越	(357,000)	完成工事原価	(825,000)
材　料　費	343,000	次　期　繰　越	(592,000)
労　務　費	257,000		
外　注　費	309,000		
経　　　費	(151,000)		
	(1,417,000)		(1,417,000)

- 91 -

第3問

【解　答】

合 計 試 算 表

平成×年3月31日現在　　　　　　　　　　（単位：円）

(ウ)合　　計	(イ)当月取引高	(ア)前月繰越高	勘 定 科 目	(ア)前月繰越高	(イ)当月取引高	(ウ)合　　計
2,391,900	450,000	1,941,900	現　　　　　金	1,623,900	158,000	1,781,900
4,837,000	1,355,000	3,482,000	当 座 預 金	2,859,000	720,000	3,579,000
1,518,800		1,518,800	受 取 手 形	1,158,800	360,000	1,518,800
4,767,000	300,000	4,467,000	完成工事未収入金	3,684,000	500,000	4,184,000
485,900	351,000	134,900	材　　　　料	38,000	173,000	211,000
313,000		313,000	機 械 装 置			
99,000		99,000	備　　　　品			
1,102,000	240,000	862,000	支 払 手 形	1,102,000		1,102,000
721,000	453,000	268,000	工 事 未 払 金	398,000	601,000	999,000
200,000		200,000	借　 入　 金	600,000	500,000	1,100,000
276,000	200,000	76,000	未成工事受入金	209,800	300,000	509,800
			資　 本　 金	1,000,000		1,000,000
			完 成 工 事 高	947,000	500,000	1,447,000
202,700	108,000	94,700	材　 料　 費		58,000	58,000
128,500	78,000	50,500	労　 務　 費			
294,800	250,000	44,800	外　 注　 費			
53,900	20,000	33,900	経　　　　費			
93,200	60,000	33,200	給　　　　料			
			雑　 収　 入	1,200		1,200
7,000	5,000	2,000	支 払 利 息			
17,491,700	3,870,000	13,621,700		13,621,700	3,870,000	17,491,700

【解　説】

平成×年3月中の取引

1日	（借）現　　　　金	150,000	（貸）当 座 預 金	150,000
3日	（借）当 座 預 金	495,000	（貸）借　 入　 金	500,000
	支 払 利 息	5,000		
7日	（借）現　　　　金	300,000	（貸）未成工事受入金	300,000
9日	（借）材　　　　料	351,000	（貸）工 事 未 払 金	351,000
12日	（借）給　　　　料	60,000	（貸）現　　　　金	138,000
	労　 務　 費	78,000		

13日	(借) 当 座 預 金	500,000	(貸) 完成工事未収入金	500,000
15日	(借) 材 料 費	108,000	(貸) 材 料	108,000
19日	(借) 外 注 費	250,000	(貸) 工 事 未 払 金	250,000
20日	(借) 工 事 未 払 金	65,000	(貸) 材 料	65,000
22日	(借) 経 費	20,000	(貸) 現 金	20,000
23日	(借) 当 座 預 金	360,000	(貸) 受 取 手 形	360,000
25日	(借) 工 事 未 払 金	58,000	(貸) 材 料 費	58,000
26日	(借) 工 事 未 払 金	330,000	(貸) 当 座 預 金	330,000
28日	(借) 支 払 手 形	240,000	(貸) 当 座 預 金	240,000
30日	(借) 完成工事未収入金	300,000	(貸) 完 成 工 事 高	500,000
	未成工事受入金	200,000		

第4問

【解 答】

a	b	c	d	e
サ	オ	セ	コ	イ

【解 説】

(1) 株式配当金領収証などは，通貨代用証券と呼ばれ，現金勘定で処理される。

(2) 前受は，超過受取りであり，サービス提供義務があるため負債である。また，前払は，事前の超過支払であり，サービス提供を受ける権利があるため資産である。

(3) 固定資産の能率向上目的など価値を上げる支出は，資本的支出として取り扱われる。逆に，単なる修理である原状回復費は，収益的支出として修繕費で処理される。

第5問

【解 答】

精 算 表

(単位：円)

勘 定 科 目	残高試算表		整 理 記 入		損益計算書		貸借対照表	
	借 方	貸 方	借 方	貸 方	借 方	貸 方	借 方	貸 方
現　　　　　金	332,300			⑤　　　300			332,000	
当 座 預 金	448,000						448,000	
定 期 預 金	100,000						100,000	
受 取 手 形	531,000						531,000	
完成工事未収入金	704,000						704,000	
貸 倒 引 当 金		16,600		③　8,100				24,700
有 価 証 券	188,900			②　22,500			166,400	
未成工事支出金	486,000		⑦2,964,000	⑦3,096,000			354,000	
材　　　　　料	283,000						283,000	
貸 付 金	413,000						413,000	
機 械 装 置	800,000						800,000	
機械装置減価償却累計額		312,000		①　48,000				360,000
備　　　　　品	100,000						100,000	
備品減価償却累計額		21,000		①　8,000				29,000
支 払 手 形		415,000						415,000
工 事 未 払 金		553,000						553,000
借 入 金		598,000						598,000
未成工事受入金		127,000						127,000
資 本 金		2,000,000						2,000,000
完 成 工 事 高		3,784,000				3,784,000		
受 取 利 息		7,800		⑥　1,300		9,100		
材 料 費	794,000			⑦　794,000				
労 務 費	689,000			⑦　689,000				
外 注 費	836,000			⑦　836,000				
経 費	597,000		①　48,000	⑦　645,000				
支 払 家 賃	139,000			④　9,500	129,500			
支 払 利 息	6,200		⑥　3,300		9,500			
そ の 他 の 費 用	387,000				387,000			
	7,834,400	7,834,400						
完 成 工 事 原 価			⑦3,096,000		3,096,000			
貸倒引当金繰入額			③　8,100		8,100			
減 価 償 却 費			①　8,000		8,000			
有価証券評価損			②　22,500		22,500			
雑 損 失			⑤　300		300			
前 払 家 賃			④　9,500				9,500	
未 収 利 息			⑥　1,300				1,300	
未 払 利 息				⑥　3,300				3,300
			6,161,000	6,161,000	3,660,900	3,793,100	4,242,200	4,110,000
当期（純利益）					132,200			132,200
					3,793,100	3,793,100	4,242,200	4,242,200

【解 説】

整理記入欄で処理されている決算整理仕訳は，次の通りである。

1．減価償却費の計上（整理記入①）

（借）経 費 48,000 （貸）機 械 装 置 減価償却累計額 48,000

（借）減 価 償 却 費 8,000 （貸）備 品 減価償却累計額 8,000

2．有価証券の評価（整理記入②）

（借）有価証券評価損 22,500 （貸）有 価 証 券 22,500

※ 内訳：188,900円－166,400円＝22,500円

3．貸倒引当金の繰入（整理記入③）

（借）貸倒引当金繰入額 8,100 （貸）貸 倒 引 当 金 8,100

※ 内訳：(531,000円＋704,000円)×2％－16,600円＝8,100円

4．前払家賃の計上（整理記入④）

（借）前 払 家 賃 9,500 （貸）支 払 家 賃 9,500

5．現金勘定の修正（整理記入⑤）

（借）雑 損 失 300 （貸）現 金 300

6．未収利息等の計上（整理記入⑥）

（借）未 収 利 息 1,300 （貸）受 取 利 息 1,300

（借）支 払 利 息 3,300 （貸）未 払 利 息 3,300

7．完成工事原価の振替（整理記入⑦）

(1) 期末における原価要素の振替

（借）未成工事支出金 2,964,000 （貸）材 料 費 794,000

労 務 費 689,000

外 注 費 836,000

経 費 645,000

(2) 完成工事原価の振替

（借）完 成 工 事 原 価 3,096,000 （貸）未成工事支出金 3,096,000

(参考)

未成工事支出金

前 期 繰 越	486,000	完 成 工 事 原 価	3,096,000
材 料 費	794,000	次 期 繰 越	354,000
労 務 費	689,000		
外 注 費	836,000		
経 費	645,000		
	3,450,000		3,450,000

ᔢ 37-1

第37回（平成29年度）検定試験

第1問

【解答】

No.	借方 記号	勘定科目	金額	貸方 記号	勘定科目	金額
(例)	B	当座預金	100,000	A	現金	100,000
(1)	A	現金	50,000	F	貸付金	50,000
(2)	X M	旅費交通費 経費	13,000 17,000	G	現金過不足	30,000
(3)	R	労務費	350,000	W Q A	預り金 立替金 現金	25,000 20,000 305,000
(4)	C K	未成工事受入金 完成工事未収入金	350,000 950,000	J	完成工事高	1,300,000
(5)	S	機械装置	1,000,000	A L	現金 未払金	730,000 270,000

【解説】

1．簿記では，郵便為替証書は現金勘定で処理する。

2．現金不足発生時に下記の処理が行われており，今回は，その不足原因が判明したので，解答の処理を行う。

　　不足発生時：（借）現金過不足　30,000　（貸）現金　30,000

3．所得税源泉徴収分は，負債として預り金勘定を計上する。立替金は，給料支払前にすでに現金による立替払いをして下記の通り資産計上されており，今回は，その回収と考える。

　　立替払時：（借）立替金　20,000　（貸）現金　20,000

4．前受金相当分は，未成工事受入金勘定が貸方ですでに計上されているので，これを借方で相殺し，請求分は，完成工事未収入金勘定を計上する。

5．固定資産購入における代金後日払いは，未払金勘定を計上する。

第2問

【解　答】

問1　¥ | 103,500 |

問2　¥ | 592,900 |

問3　¥ | 523,500 |

問4　¥ | 239,800 |

【解　説】

工事原価計算表

平成×年3月　　　　　　　　　　　　（単位：円）

摘　　要	A工事		B工事		C工事		D工事	合　計
	前月繰越	当月発生	前月繰越	当月発生	前月繰越	当月発生	当月発生	
材　料　費	34,900	(56,000)	99,300	49,600	(67,500)	36,200	75,200	418,700
労　務　費	17,700	83,300	56,200	(19,200)	26,900	48,900	65,200	317,400
外　注　費	13,300	16,000	34,200	19,700	(56,000)	56,300	(35,100)	(230,600)
経　　　費	9,500	24,300	(16,600)	(43,100)	18,600	25,300	12,300	149,700
合　　計	(75,400)	179,600	(206,300)	131,600	169,000	(166,700)	187,800	(1,116,400)
備　　考	完　成		完　成		未　完　成		未完成	

問1　前月発生の外注費
　　　　　　A工事　　　　B工事　　　　C工事
　　　13,300円＋34,200円＋56,000円＝103,500円

問2　当月の完成工事原価
　　　　　　　A工事　　　　　　　　　　B工事
　　　（75,400円＋179,600円）＋（206,300円＋131,600円）＝592,900円

問3　当月末の未成工事支出金の残高
　　　　　　　C工事　　　　　　　　D工事
　　　（169,000円＋166,700円）＋187,800円＝523,500円

問4　当月の完成工事原価報告書に示される材料費
　　　　　　A工事　　　　　　　　　B工事
　　　（34,900円＋56,000円）＋（99,300円＋49,600円）＝239,800円

【解　答】

合計残高試算表

平成×年12月30日現在　　　　　　　　（単位：円）

借　　方		勘 定 科 目	貸　　方	
残　高	合　計		合　計	残　高
664,000	1,299,000	現　　　　　金	635,000	
959,000	3,110,000	当 座 預 金	2,151,000	
854,000	2,766,000	受 取 手 形	1,912,000	
183,000	1,523,000	完成工事未収入金	1,340,000	
333,000	826,000	材　　　　料	493,000	
555,000	555,000	機 械 装 置		
498,000	498,000	備　　　　品		
	1,300,000	支 払 手 形	2,803,000	1,503,000
	798,000	工 事 未 払 金	1,276,000	478,000
	1,636,000	借　入　金	3,322,000	1,686,000
	1,199,000	未 成 工 事 受 入 金	1,933,000	734,000
		資　本　金	1,000,000	1,000,000
		完 成 工 事 高	4,650,000	4,650,000
2,375,000	2,375,000	材　料　費		
1,399,000	1,399,000	労　務　費		
1,145,000	1,145,000	外　注　費		
665,000	665,000	経　　　　費		
333,000	333,000	給　　　　料		
49,000	49,000	通 信 費		
39,000	39,000	支 払 利 息		
10,051,000	21,515,000		21,515,000	10,051,000

【解　説】

平成×年12月21日から30日までの取引

21日	（借）現　　　　金	300,000	（貸）未成工事受入金	300,000
22日	（借）当 座 預 金	500,000	（貸）完成工事未収入金	500,000
23日	（借）材　　　　料	130,000	（貸）工 事 未 払 金	130,000
〃	（借）材　料　費	50,000	（貸）材　　　　料	50,000
25日	（借）外　注　費	190,000	（貸）工 事 未 払 金	190,000
26日	（借）経　　　　費	30,000	（貸）現　　　　金	30,000
〃	（借）工 事 未 払 金	50,000	（貸）材　　　　料	50,000

27日	（借）当 座 預 金	480,000	（貸）受 取 手 形	480,000
28日	（借）工 事 未 払 金	45,000	（貸）現　　　　　金	45,000
29日	（借）経　　　　　費	15,000	（貸）当 座 預 金	15,000
〃	（借）受 取 手 形	700,000	（貸）完 成 工 事 高	1,000,000
	未成工事受入金	300,000		
30日	（借）工 事 未 払 金	280,000	（貸）支 払 手 形	280,000
〃	（借）借　 入　 金	523,000	（貸）当 座 預 金	536,000
	支 払 利 息	13,000		

（第4問）

【解　答】

a	b	c	d	e
エ	サ	ア	イ	ス

【解　説】

(1) 材料費は，購入単価と消費数量により計算される。このとき消費数量は月末に棚卸を行い，前月繰越分と当月入手合計との差額でその数量を把握する棚卸計算法と，月中に材料元帳の記帳によりその消費数量を把握する継続記録法がある。

(2) 未収利息は，受領していないが収益計上に用いられる借方の資産勘定であり，未払利息は，費用として計上したが支払いが行われていないことを示す貸方の負債勘定である。

(3) 完成工事未収入金は，売上債権であり，請負先の倒産により回収不能となることも予想されるため，貸倒引当金勘定を控除した額を回収可能見積額と考える。

第5問

【解 答】

精 算 表

(単位:円)

勘定科目	残高試算表 借方	残高試算表 貸方	整理記入 借方	整理記入 貸方	損益計算書 借方	損益計算書 貸方	貸借対照表 借方	貸借対照表 貸方
現 金	352,000			④ 22,000			330,000	
当 座 預 金	498,000						498,000	
受 取 手 形	591,000						591,000	
完成工事未収入金	819,000						819,000	
貸 倒 引 当 金		22,400		③ 19,900				42,300
有 価 証 券	254,000			② 21,000			233,000	
未成工事支出金	458,000		⑥2,804,000	⑥2,699,000			563,000	
材 料	483,000						483,000	
貸 付 金	500,000						500,000	
機 械 装 置	762,000						762,000	
機械装置減価償却累計額		246,000		① 98,000				344,000
備 品	468,000						468,000	
備品減価償却累計額		84,000		① 22,000				106,000
支 払 手 形		794,000						794,000
工 事 未 払 金		433,000						433,000
借 入 金		398,000						398,000
未成工事受入金		199,000						199,000
資 本 金		2,500,000						2,500,000
完 成 工 事 高		3,684,000				3,684,000		
受 取 利 息		9,800				9,800		
材 料 費	994,000			⑥ 994,000				
労 務 費	659,000			⑥ 659,000				
外 注 費	556,000			⑥ 556,000				
経 費	497,000		① 98,000	⑥ 595,000				
支 払 家 賃	159,000			⑤ 9,400	149,600			
支 払 利 息	13,200				13,200			
その他の費用	307,000				307,000			
	8,370,200	8,370,200						
完 成 工 事 原 価			⑥2,699,000		2,699,000			
貸倒引当金繰入額			③ 19,900		19,900			
減 価 償 却 費			① 22,000		22,000			
雑 損 失			④ 22,000		22,000			
有価証券評価損			② 21,000		21,000			
前 払 家 賃			⑤ 9,400				9,400	
			5,695,300	5,695,300	3,253,700	3,693,800	5,256,400	4,816,300
当期(純利益)					440,100			440,100
					3,693,800	3,693,800	5,256,400	5,256,400

【解 説】

整理記入欄で処理されている決算整理仕訳は，次の通りである。

1．減価償却費の計上 （整理記入①）

(借) 経 費 98,000 (貸) 機械装置減価償却累計額 98,000

(借) 減価償却費 22,000 (貸) 備品減価償却累計額 22,000

2．有価証券の評価 （整理記入②）

(借) 有価証券評価損 21,000 (貸) 有価証券 21,000

※ 内訳：254,000円－233,000円＝21,000円

3．貸倒引当金の繰入 （整理記入③）

(借) 貸倒引当金繰入額 19,900 (貸) 貸倒引当金 19,900

※ 内訳：(591,000円＋819,000円)×3％－22,400円＝19,900円

4．現金勘定の修正 （整理記入④）

(借) 雑 損 失 22,000 (貸) 現 金 22,000

5．前払家賃の計上 （整理記入⑤）

(借) 前払家賃 9,400 (貸) 支払家賃 9,400

6．完成工事原価の振替 （整理記入⑥）

(1) 期末における原価要素の振替

(借) 未成工事支出金 2,804,000 (貸) 材 料 費 994,000

労 務 費 659,000

外 注 費 556,000

経 費 595,000

(2) 完成工事原価の振替

(借) 完成工事原価 2,699,000 (貸) 未成工事支出金 2,699,000

（参考）

未成工事支出金

前 期 繰 越	458,000	完成工事原価	2,699,000
材 料 費	994,000	次 期 繰 越	563,000
労 務 費	659,000		
外 注 費	556,000		
経 費	595,000		
	3,262,000		3,262,000

第38回（平成30年度）検定試験

第1問

【解　答】

No.	借　方			貸　方		
	記号	勘定科目	金額	記号	勘定科目	金額
（例）	B	当座預金	100,000	A	現　金	100,000
(1)	R	修繕維持費	400,000	B	当座預金	1,800,000
	D	建　物	1,400,000			
(2)	E	材　料	1,500,000	C	受取手形	1,200,000
				H	工事未払金	300,000
(3)	H	工事未払金	55,000	N	材料費	55,000
(4)	J	未払金	3,000,000	B	当座預金	3,300,000
	H	工事未払金	300,000			
(5)	U	損益	530,000	M	資本金	530,000

【解　説】

1．修繕に関する支出は修繕維持費勘定で，改良に係るものは建物勘定で処理する。

2．材料仕入に係る保有手形の裏書は，貸方に受取手形勘定を計上する。

3．材料の返品は，仕入時の逆仕訳を行えばよい。

4．建設用機械は取得時に未払金勘定を，また，材料仕入は工事未払金勘定を貸方に計上しているので，支払時はこれを借方でマイナスする。

5．個人事業における純利益は，店主持分の増加と考えて，資本金勘定の貸方に振り替ることになる。

第2問

【解　答】

完成工事原価報告書

（単位：円）

Ⅰ. 材　料　費	521,000
Ⅱ. 労　務　費	353,000
Ⅲ. 外　注　費	241,000
Ⅳ. 経　　　　費	197,000
完成工事原価	1,312,000

【解　説】

原 価 計 算 表

（単位：円）

摘　　要	101号工事		102号工事		103号工事	104号工事	合　　計
	前期繰越	当期発生	前期繰越	当期発生	当期発生	当期発生	
材　料　費	210,000	(158,000)	66,000	98,000	153,000	101,000	786,000
労　務　費	(140,000)	105,000	54,000	(80,000)	108,000	(88,000)	(575,000)
外　注　費	115,000	(76,000)	52,000	55,000	(50,000)	79,000	427,000
経　　　費	95,000	67,000	(24,000)	36,000	35,000	(58,000)	315,000
合　　計	560,000	406,000	(196,000)	(269,000)	(346,000)	326,000	(2,103,000)
期末の状況	完　　成		未　完　成		完　成	未完成	

（注）　完成工事原価報告書の材料費等は，101号工事，103号工事の前期繰越と当期発生額の合計
である。
　　　材料費：(210,000円 + 158,000円) + 153,000円 = 521,000円
　　　　　　101号工事　　　　　　　　　103号工事　　報告書

未成工事支出金

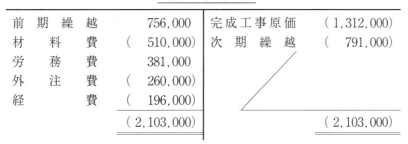

前　期　繰　越		756,000	完成工事原価	(1,312,000)
材　　料　　費	(	510,000)	次　期　繰　越	(791,000)
労　　務　　費		381,000		
外　　注　　費	(	260,000)		
経　　　　　費	(	196,000)		
	(	2,103,000)		(2,103,000)

第3問

【解　答】

合 計 残 高 試 算 表

平成×年7月31日現在　　　　　　　　　　　　　　　（単位：円）

借　方		勘 定 科 目	貸　方	
残　　高	合　　計		合　　計	残　　高
838,000	2,318,000	現　　　　　　　金	1,480,000	
2,231,000	4,229,000	当　座　預　金	1,998,000	
366,000	1,986,000	受　取　手　形	1,620,000	
1,367,000	2,568,000	完 成 工 事 未 収 入 金	1,201,000	
456,000	1,357,000	材　　　　　　料	901,000	
1,550,000	1,550,000	機　械　装　置		
780,000	780,000	備　　　　　　品		
	1,330,000	支　払　手　形	2,344,000	1,014,000
	1,245,000	工　事　未　払　金	2,339,000	1,094,000
	987,000	借　　入　　金	3,747,000	2,760,000
	1,024,000	未 成 工 事 受 入 金	1,698,000	674,000
		資　　本　　金	3,000,000	3,000,000
		完　成　工　事　高	5,738,000	5,738,000
1,672,000	1,672,000	材　　料　　費		
1,606,000	1,606,000	労　　務　　費		
1,420,000	1,420,000	外　　注　　費		
688,000	688,000	経　　　　　　費		
996,000	996,000	給　　　　　　料		
277,000	277,000	支　払　家　賃		
33,000	33,000	支　払　利　息		
14,280,000	26,066,000		26,066,000	14,280,000

【解　説】

21日	（借）当　座　預　金	150,000	（貸）未 成 工 事 受 入 金	150,000
〃	（借）現　　　　　　金	360,000	（貸）完 成 工 事 未 収 入 金	360,000
23日	（借）当　座　預　金	400,000	（貸）受　取　手　形	400,000
〃	（借）材　　　　　料	205,000	（貸）工　事　未　払　金	205,000
24日	（借）支　払　家　賃	95,000	（貸）当　座　預　金	95,000
〃	（借）外　　注　　費	268,000	（貸）工　事　未　払　金	268,000
25日	（借）労　　務　　費	280,000	（貸）現　　　　　金	280,000
〃	（借）給　　　　　料	240,000	（貸）現　　　　　金	240,000

27日	(借)材　料　費	147,000	(貸)材　　　料	147,000
〃	(借)経　　　費	35,000	(貸)現　　　金	35,000
28日	(借)未成工事受入金	200,000	(貸)完成工事高	1,500,000
	(借)完成工事未収入金	1,300,000		
〃	(借)工事未払金	356,000	(貸)支　払　手　形	356,000
30日	(借)支　払　手　形	280,000	(貸)当　座　預　金	280,000
31日	(借)当　座　預　金	799,000	(貸)借　入　金	800,000
	支　払　利　息	1,000		

第4問

【解　答】

a	b	c	d	e
ア	エ	コ	ク	サ

【解　説】

(1)　固定資産の減価償却は，その取得原価を耐用期間に配分することである。ただし，耐用年数到来時の処分見積額を残存価額と考えて取得原価から控除し，その残額が減価償却総額になる。

(2)　工事台帳は，工事現場別に原価を集計する一覧表を示す。このことから，工事台帳は，未成工事支出金勘定の各工事別原価を把握する補助元帳と考えることができる。

(3)　回収不能の債権は貸倒れと考えて，貸倒損失勘定を計上する。

第5問

【解　答】

精　算　表

(単位：円)

勘定科目	残高試算表 借方	残高試算表 貸方	整理記入 借方	整理記入 貸方	損益計算書 借方	損益計算書 貸方	貸借対照表 借方	貸借対照表 貸方
現　　　　金	380,000						380,000	
当 座 預 金	486,000						486,000	
受 取 手 形	653,000						653,000	
完成工事未収入金	537,000						537,000	
貸 倒 引 当 金		11,800		③　12,000				23,800
有 価 証 券	317,000			②　32,000			285,000	
未成工事支出金	453,000		⑥2,207,800	⑥2,462,800			198,000	
材　　　　料	352,000						352,000	
貸 付 金	280,000						280,000	
機 械 装 置	840,000						840,000	
機械装置減価償却累計額		360,000		①　120,000				480,000
備　　　　品	400,000						400,000	
備品減価償却累計額		120,000		①　30,000				150,000
支 払 手 形		782,000						782,000
工 事 未 払 金		623,000						623,000
借 入 金		486,000						486,000
未成工事受入金		387,000						387,000
資 本 金		1,000,000						1,000,000
完 成 工 事 高		3,288,000				3,288,000		
受 取 利 息		18,000		④　4,000		22,000		
材 料 費	767,600			⑥　767,600				
労 務 費	628,000			⑥　628,000				
外 注 費	495,000			⑥　495,000				
経 費	197,200		①　120,000	⑥　317,200				
保 険 料	70,000				70,000			
支 払 利 息	48,000		⑤　3,500		51,500			
その他の費用	172,000				172,000			
	7,075,800	7,075,800						
完 成 工 事 原 価			⑥2,462,800		2,462,800			
貸倒引当金繰入額			③　12,000		12,000			
有価証券評価損			②　32,000		32,000			
減 価 償 却 費			①　30,000		30,000			
未 収 利 息			④　4,000				4,000	
未 払 利 息				⑤　3,500				3,500
			4,872,100	4,872,100	2,830,300	3,310,000	4,415,000	3,935,300
当期（純利益）					479,700			479,700
					3,310,000	3,310,000	4,415,000	4,415,000

【解 説】

整理記入欄で処理されている決算整理仕訳は，次の通りである。

1．減価償却費の計上 （整理記入①）

（借）経　　　　　費　120,000　　（貸）機 械 装 置　120,000
　　　　　　　　　　　　　　　　　　　 減価償却累計額

（借）減 価 償 却 費　30,000　　（貸）備　　　品　30,000
　　　　　　　　　　　　　　　　　　　 減価償却累計額

2．有価証券の評価 （整理記入②）

（借）有価証券評価損　32,000　　（貸）有 価 証 券　32,000

　　※　内訳：317,000円 − 285,000円 ＝ 32,000円

3．貸倒引当金の繰入 （整理記入③）

（借）貸倒引当金繰入額　12,000　　（貸）貸 倒 引 当 金　12,000

　　※　内訳：（653,000円 ＋ 537,000円）× 2 ％ − 11,800円 ＝ 12,000円

4．未収利息の計上 （整理記入④）

（借）未 収 利 息　4,000　　（貸）受 取 利 息　4,000

5．未払利息の計上 （整理記入⑤）

（借）支 払 利 息　3,500　　（貸）未 払 利 息　3,500

6．完成工事原価の振替 （整理記入⑥）

(1)　期末における原価要素の振替

（借）未成工事支出金　2,207,800　　（貸）材　　料　　費　767,600
　　　　　　　　　　　　　　　　　　　　 労　　務　　費　628,000
　　　　　　　　　　　　　　　　　　　　 外　　注　　費　495,000
　　　　　　　　　　　　　　　　　　　　 経　　　　　費　317,200

(2)　完成工事原価の振替

（借）完 成 工 事 原 価　2,462,800　　（貸）未 成 工 事 支 出 金　2,462,800

(参考)

未成工事支出金

前 期 繰 越	453,000	完 成 工 事 原 価	2,462,800
材 料 費	767,600	次 期 繰 越	198,000
労 務 費	628,000		
外 注 費	495,000		
経 費	317,200		
	2,660,800		2,660,800

第39回（令和2年度）検定試験

【解　答】

No.	借　　方			貸　　方		
	記号	勘　定　科　目	金　　額	記号	勘　定　科　目	金　　額
（例）	B	当 座 預 金	100,000	A	現　　　　金	100,000
（1）	A	現　　　　金	465,000	M	有 価 証 券	447,000
				R	有価証券売却益	18,000
（2）	A	現　　　　金	500,000	J	未成工事受入金	500,000
（3）	F	未 　 払 　 金	1,100,000	K	受 取 手 形	750,000
				B	当 座 預 金	350,000
（4）	Q	貸 倒 引 当 金	580,000	H	完成工事未収入金	620,000
	N	貸 倒 損 失	40,000			
（5）	G	現 金 過 不 足	3,700	W	雑 　 収 　 入	3,700

【解　説】

1．有価証券売却益は，下記の方法で計算することができる。

　　　有価証券売却益：(@155円 - @149円)×3,000株＝18,000円

2．工事契約による前受金は，負債である未成工事受入金勘定を計上する。

3．機械購入時の未払代金は，未払金が計上されている。この未払金を支払うために保有する約束手形を裏書譲渡したときは，貸方で受取手形勘定を減額する処理を行う。

4．完成工事未収入金の回収不能は，貸倒引当金で補填する。なお，貸倒引当金の不足分は，貸倒損失勘定を計上する。

5．期中で貸方に計上された現金過不足勘定は，現金超過によるものである。決算までその発生原因が不明のときは，雑収入に振り替えることになる。

第2問

【解　答】

問1　¥　447,700

問2　¥　1,021,500

問3　¥　530,100

問4　¥　256,300

【解　説】

工事原価計算表

20×9年12月　　　　　　　　　　　　　　（単位：円）

摘　　要	A工事		B工事		C工事		D工事	合　計
	前月繰越	当月発生	前月繰越	当月発生	前月繰越	当月発生	当月発生	
材　料　費	35,000	187,300	(80,500)	73,000	43,100	(155,300)	(32,100)	606,300
労　務　費	26,300	(98,500)	65,200	65,800	39,300	98,200	36,200	429,500
外　注　費	24,100	84,600	47,400	54,100	(21,000)	(126,600)	22,300	380,100
経　　費	7,300	(32,500)	25,100	12,600	9,800	32,600	15,800	(135,700)
合　　計	(92,700)	402,900	218,200	(205,500)	(113,200)	412,700	(106,400)	(1,551,600)
備　　考	完　成		未　完　成		完　成		未完成	

問1　当月発生の材料費
　　　187,300円（A工事）＋73,000円（B工事）＋155,300円（C工事）＋32,100円（D工事）＝447,700円

問2　当月の完成工事原価
　　　（92,700円＋402,900円）（A工事）＋（113,200円＋412,700円）（C工事）＝1,021,500円

問3　当月末の未成工事支出金の残高
　　　（218,200円＋205,500円）（B工事）＋106,400円（D工事）＝530,100円

問4　当月の完成工事原価報告書に示される外注費
　　　（24,100円＋84,600円）（A工事）＋（21,000円＋126,600円）（C工事）＝256,300円

第3問

【解　答】

合 計 残 高 試 算 表

20×8年11月30日　　　　　　　　　　　　　　　　（単位：円）

借 方 残 高	借 方 合 計	勘 定 科 目	貸 方 合 計	貸 方 残 高
163,000	1,294,000	現　　　　　金	1,131,000	
1,898,000	4,915,000	当 座 預 金	3,017,000	
1,680,000	3,050,000	受 取 手 形	1,370,000	
1,535,000	6,560,000	完成工事未収入金	5,025,000	
416,000	994,000	材　　　　　料	578,000	
3,550,000	3,550,000	機 械 装 置		
880,000	880,000	備　　　　　品		
	940,000	支 払 手 形	4,780,000	3,840,000
	1,750,000	工 事 未 払 金	3,432,000	1,682,000
	575,000	借　　入　　金	1,660,000	1,085,000
	1,810,000	未成工事受入金	3,780,000	1,970,000
		資　　本　　金	2,000,000	2,000,000
		完 成 工 事 高	9,212,000	9,212,000
4,046,000	4,046,000	材　　料　　費		
2,450,000	2,450,000	労　　務　　費		
1,264,000	1,264,000	外　　注　　費		
644,000	644,000	経　　　　　費		
662,000	662,000	給　　　　　料		
570,000	570,000	支 払 家 賃		
31,000	31,000	支 払 利 息		
19,789,000	35,985,000		35,985,000	19,789,000

【解　説】

20×8年11月20日から30日までの取引

20日	（借）	材　　　　　料		172,000	（貸）工 事 未 払 金		172,000
21日	（借）	現　　　　　金		300,000	（貸）未成工事受入金		300,000
22日	（借）	材　　料　　費		66,000	（貸）材　　　　　料		66,000
23日	（借）	労　　務　　費		190,000	（貸）現　　　　　金		190,000
〃	（借）	給　　　　　料		170,000	（貸）現　　　　　金		170,000
24日	（借）	外　　注　　費		272,000	（貸）工 事 未 払 金		272,000
26日	（借）	当 座 預 金		450,000	（貸）受 取 手 形		450,000

26日	（借）支 払 家 賃	35,000	（貸）当 座 預 金	35,000
27日	（借）経　　　　費	30,000	（貸）現　　　　金	30,000
28日	（借）支 払 手 形	280,000	（貸）当 座 預 金	280,000
29日	（借）当 座 預 金	315,000	（貸）完成工事未収入金	315,000
30日	（借）借　 入　 金	300,000	（貸）当 座 預 金	312,000
	支 払 利 息	12,000		
〃	（借）未成工事受入金	250,000	（貸）完 成 工 事 高	850,000
	（借）受 取 手 形	600,000		

第4問

【解　答】

a	b	c	d	e
キ	ク	オ	ス	エ

　　※　b・cは順不同

【解　説】

(1)　収益や費用の不足分を追加する処理を見越と呼ぶ。逆に，超過計上分を翌期へ繰り越す処理を繰延と呼ぶ。

(2)　通貨代用証券は，現金勘定で処理され，その代表的なものに他人振出小切手がある。また，郵便為替証書も現金で処理される。

　　ただし，公社債の利札は期日未到来であるため，現金勘定で処理されないことに注意すること。

(3)　材料費は，消費数量と消費単価で計算されるが，この消費数量を計算する方法に継続記録法と棚卸計算法がある。また，消費単価の計算には，先入先出法などが用いられる。

第5問

【解 答】

精 算 表

(単位：円)

勘 定 科 目	残高試算表 借 方	残高試算表 貸 方	整 理 記 入 借 方	整 理 記 入 貸 方	損益計算書 借 方	損益計算書 貸 方	貸借対照表 借 方	貸借対照表 貸 方
現　　　　　金	346,000						346,000	
当 座 預 金	410,400						410,400	
受 取 手 形	362,200						362,200	
完成工事未収入金	810,400						810,400	
貸 倒 引 当 金		17,200		① 6,252				23,452
有 価 証 券	365,000			② 16,200			348,800	
未成工事支出金	288,000		⑤2,114,000	⑤2,255,800			146,200	
材　　　　　料	473,000						473,000	
貸 付 金	340,000						340,000	
機 械 装 置	640,000						640,000	
機械装置減価償却累計額		288,000		③ 32,000				320,000
備　　　　　品	420,000						420,000	
備品減価償却累計額		112,000		③ 14,000				126,000
支 払 手 形		652,500						652,500
工 事 未 払 金		468,800						468,800
借 入 金		292,000						292,000
未成工事受入金		182,200						182,200
資 本 金		2,000,000						2,000,000
完 成 工 事 高		2,864,200				2,864,200		
受 取 利 息		28,000				28,000		
材 料 費	823,000			⑤ 823,000				
労 務 費	522,000			⑤ 522,000				
外 注 費	415,000			⑤ 415,000				
経 費	322,000		③ 32,000	⑤ 354,000				
支 払 利 息	26,000		④ 2,400		28,400			
その他の費用	341,900				341,900			
	6,904,900	6,904,900						
完 成 工 事 原 価			⑤2,255,800		2,255,800			
貸倒引当金繰入額			① 6,252		6,252			
減 価 償 却 費			③ 14,000		14,000			
有価証券評価損			② 16,200		16,200			
未 払 利 息				④ 2,400				2,400
			4,440,652	4,440,652	2,662,552	2,892,200	4,297,000	4,067,352
当期（純利益）					229,648			229,648
					2,892,200	2,892,200	4,297,000	4,297,000

【解　説】

　整理記入欄で処理されている決算整理仕訳は，次の通りである。

1．貸倒引当金の繰入（整理記入①）

（借）貸倒引当金繰入額　　6,252　　　　（貸）貸倒引当金　　6,252

　※　内訳：(362,200円＋810,400円)×2％－17,200円＝6,252円

2．有価証券の評価損（整理記入②）

（借）有価証券評価損　　16,200　　　　（貸）有価証券　　16,200

　※　内訳：365,000円－348,800円＝16,200円

3．減価償却費の計上（整理記入③）

（借）経　　　　費　　32,000　　　　（貸）機械装置減価償却累計額　　32,000

（借）減価償却費　　14,000　　　　（貸）備品減価償却累計額　　14,000

4．未払利息の計上（整理記入④）

（借）支払利息　　2,400　　　　（貸）未払利息　　2,400

5．完成工事原価の振替（整理記入⑤）

(1)　期末における原価要素の振替

（借）未成工事支出金　2,114,000　　（貸）材料費　823,000
　　　　　　　　　　　　　　　　　　　労務費　522,000
　　　　　　　　　　　　　　　　　　　外注費　415,000
　　　　　　　　　　　　　　　　　　　経費　354,000

(2)　完成工事原価の振替

（借）完成工事原価　2,255,800　　（貸）未成工事支出金　2,255,800

（参考）

未成工事支出金

前期繰越	288,000	完成工事原価	2,255,800
材料費	823,000	次期繰越	146,200
労務費	522,000		
外注費	415,000		
経費	354,000		
	2,402,000		2,402,000

第40回(令和3年度)検定試験

【解 答】

No.	借 方			貸 方		
	記号	勘 定 科 目	金 額	記号	勘 定 科 目	金 額
(例)	B	当 座 預 金	100,000	A	現　　　金	100,000
(1)	D	機 械 装 置	80,000	B	当 座 預 金	80,000
(2)	A	現　　　金	400,000	E	有 価 証 券	308,000
				U	有 価 証 券 売 却 益	92,000
(3)	H	当 座 借 越	320,000	W	完 成 工 事 高	800,000
	B	当 座 預 金	180,000			
	F	完成工事未収入金	300,000			
(4)	L	預　り　金	6,000	A	現　　　金	13,000
	R	法 定 福 利 費	7,000			
(5)	C	定 期 預 金	306,000	C	定 期 預 金	300,000
				X	受 取 利 息	6,000

【解 説】

1. 固定資産の稼動前の準備費は，その取得原価に算入する。

2. 有価証券売却益は，下記の方法で計算することができる。

    有価証券売却益：(@200円－@154円)×2,000株＝92,000円

    ※ 取得原価(@150円×5,000株＋20,000円)÷5,000株＝@154円

3. 当座繰越は銀行からの借入であり，当座預金が入金されしだい，返済されたことになる。

4. 社会保険料（健康保険，雇用保険等）の会社負担分が，法定福利費勘定で処理される。また，給料から差し引かれたものは，その支払時に貸方に預り金が計上されており，今回はこれを納付するので借方で処理する。

5. 利息6,000円を加算した金額と旧定期預金を貸方に計上して，改めて新規の定期預金を借方に306,000円計上する。

第2問

【解　答】

問1　¥ 253,900

問2　¥ 805,400

問3　¥ 678,700

問4　¥ 123,300

【解　説】

工事原価計算表

20×3年4月　　　　　　　　（単位：円）

摘　　要	A工事		B工事		C工事		D工事	合　計
	前月繰越	当月発生	前月繰越	当月発生	前月繰越	当月発生	当月発生	
材　料　費	98,300	17,600	115,200	41,600	40,400	65,300	75,200	453,600
労　務　費	22,100	86,700	83,300	23,000	43,200	108,400	55,600	422,300
外　注　費	33,100	23,800	99,600	37,800	45,600	33,500	51,200	324,600
経　　費	12,400	15,900	64,000	31,000	21,100	74,900	64,300	283,600
合　　計	165,900	144,000	362,100	133,400	150,300	282,100	246,300	1,484,100
備　　考	完　成		完　成		未　完　成		未完成	

問1　前月発生の材料費
　　　　98,300円（A工事）＋115,200円（B工事）＋40,400円（C工事）＝253,900円

問2　当月の完成工事原価
　　　　（165,900円＋144,000円）（A工事）＋（362,100円＋133,400円）（B工事）＝805,400円

問3　当月末の未成工事支出金の残高
　　　　（150,300円＋282,100円）（C工事）＋246,300円（D工事）＝678,700円

問4　当月の完成工事原価報告書に示される経費
　　　　（12,400円＋15,900円）（A工事）＋（64,000円＋31,000円）（B工事）＝123,300円

第3問

【解　答】

合　計　試　算　表

20×6年3月31日現在　　　　　　　　　　（単位：円）

借　方			勘　定　科　目	貸　方		
㈦合　　　計	㈠当月取引高	㈦前月繰越高		㈦前月繰越高	㈠当月取引高	㈦合　　　計
938,000	420,000	518,000	現　　　　　金	37,000	831,000	868,000
1,910,000	1,077,000	833,000	当　座　預　金	123,000	840,000	963,000
380,000		380,000	受　取　手　形	50,000	280,000	330,000
1,183,000	500,000	683,000	完成工事未収入金	188,000	300,000	488,000
187,900		187,900	材　　　　　料	33,000	80,000	113,000
414,000		414,000	機　械　装　置			
729,000	330,000	399,000	備　　　　　品			
348,000	240,000	108,000	支　払　手　形	542,000	300,000	842,000
599,000	520,000	79,000	工　事　未　払　金	329,900	350,000	679,900
400,000	300,000	100,000	借　　入　　金	500,000	500,000	1,000,000
344,000	200,000	144,000	未成工事受入金	433,000	300,000	733,000
			資　　本　　金	1,300,000		1,300,000
			完　成　工　事　高	947,000	700,000	1,647,000
94,700	10,000	84,700	材　　料　　費			
423,500	220,000	203,500	労　　務　　費			
384,800	350,000	34,800	外　　注　　費			
60,900	30,000	30,900	経　　　　　費			
383,200	200,000	183,200	給　　　　　料			
16,000		16,000	通　　信　　費			
47,000	26,000	21,000	事務用消耗品費			
110,000	50,000	60,000	支　払　家　賃			
10,900	8,000	2,900	支　払　利　息			
8,963,900	4,481,000	4,482,900		4,482,900	4,481,000	8,963,900

【解　説】

20×6年3月中の取引

3日	（借）現　　　　　金	120,000		（貸）当　座　預　金	120,000
5日	（借）借　　入　　金	300,000		（貸）現　　　　　金	302,000
	支　払　利　息	2,000			
8日	（借）現　　　　　金	300,000		（貸）未成工事受入金	300,000
9日	（借）完成工事未収入金	500,000		（貸）完　成　工　事　高	700,000
	未成工事受入金	200,000			

10日	（借）当 座 預 金	280,000	（貸）受 取 手 形	280,000
11日	（借）当 座 預 金	300,000	（貸）完成工事未収入金	300,000
12日	（借）外 注 費	350,000	（貸）工 事 未 払 金	350,000
15日	（借）材 料 費	10,000	（貸）材 料	10,000
16日	（借）給 料	200,000	（貸）現 金	420,000
	労 務 費	220,000		
17日	（借）工 事 未 払 金	70,000	（貸）材 料	70,000
19日	（借）経 費	30,000	（貸）現 金	30,000
20日	（借）工 事 未 払 金	150,000	（貸）当 座 預 金	150,000
22日	（借）支 払 家 賃	50,000	（貸）現 金	50,000
23日	（借）支 払 手 形	240,000	（貸）当 座 預 金	240,000
24日	（借）当 座 預 金	497,000	（貸）借 入 金	500,000
	支 払 利 息	3,000		
25日	（借）事務用消耗品費	26,000	（貸）現 金	26,000
27日	（借）工 事 未 払 金	300,000	（貸）支 払 手 形	300,000
30日	（借）備 品	330,000	（貸）当 座 預 金	330,000
31日	（借）支 払 利 息	3,000	（貸）現 金	3,000

第4問

【解　答】

a	b	c	d	e
オ	カ	ク	コ	エ

※　cがコ，dがクでも正解

【解　説】

(1)　固定資産の修理には，2つの目的が考えられる。故障個所を現状回復して元通りにするいわゆる修繕費で，これを収益的支出と呼ぶ。これに対して，修理ではなく改良等によりその能率を上げるような支出を行うことがあり，このための支出額は対象固定資産の原価に加算し，この支出を資本的支出と呼ぶ。

　　収益的支出：

　　　　（借）修　繕　費　　×××　　（貸）現　　　　金　　×××

　　資本的支出：

　　　　（借）機　械　装　置　　×××　　（貸）現　　　　金　　×××

(2)　減価償却費は，固定資産の費用化（費用配分手続）であり，借方には減価償却費を計上する。これに対して，貸方の処理は2つの方法がある。

　　直接記入法：

　　　　（借）減　価　償　却　費　　×××　　（貸）備　　　　品　　×××

　　間接記入法：

　　　　（借）減　価　償　却　費　　×××　　（貸）備品減価償却累計額　　×××

(3)　材料の消費単価の計算では，先入先出法や移動平均法がある。用語群にあるウの継続記録法やキの棚卸計算法は，払出数量を計算する方法である。

　　　　材料消費額：消費単価　　×　　払出数量
　　　　　　　　　　　　↓　　　　　　　↓
　　　　　　　　先入先出法 等　　継続記録法 等

第5問

【解　答】

精　算　表

(単位：円)

勘定科目	残高試算表 借方	残高試算表 貸方	整理記入 借方	整理記入 貸方	損益計算書 借方	損益計算書 貸方	貸借対照表 借方	貸借対照表 貸方
現　　　　金	452,000			① 2,000			450,000	
当 座 預 金	388,000						388,000	
受 取 手 形	601,000						601,000	
完成工事未収入金	619,000						619,000	
貸 倒 引 当 金		32,400		③ 4,200				36,600
有 価 証 券	344,000			② 11,000			333,000	
未成工事支出金	568,000		⑦2,800,000	⑦2,585,000			783,000	
材　　　　料	583,000						583,000	
貸 付 金	400,000						400,000	
機 械 装 置	952,000						952,000	
機械装置減価償却累計額		236,000		④ 100,000				336,000
備　　　　品	378,000						378,000	
備品減価償却累計額		124,000		④ 33,000				157,000
支 払 手 形		714,000						714,000
工 事 未 払 金		503,000						503,000
借 入 金		268,000						268,000
未成工事受入金		239,000						239,000
資 本 金		2,500,000						2,500,000
完 成 工 事 高		3,734,000				3,734,000		
受 取 利 息		19,800		⑥ 3,300		23,100		
材 料 費	890,000			⑦ 890,000				
労 務 費	613,000			⑦ 613,000				
外 注 費	650,000			⑦ 650,000				
経　　　　費	547,000		④ 100,000	⑦ 647,000				
支 払 家 賃	115,000				115,000			
支 払 利 息	43,200				43,200			
保 険 料	22,000			⑤ 5,500	16,500			
その他の費用	205,000				205,000			
	8,370,200	8,370,200						
完成工事原価			⑦2,585,000		2,585,000			
貸倒引当金繰入額			③ 4,200		4,200			
減 価 償 却 費			④ 33,000		33,000			
雑 損 失			① 2,000		2,000			
有価証券評価損			② 11,000		11,000			
前 払 保 険 料			⑤ 5,500				5,500	
未 収 利 息			⑥ 3,300				3,300	
			5,544,000	5,544,000	3,014,900	3,757,100	5,495,800	4,753,600
当期（純利益）					742,200			742,200
					3,757,100	3,757,100	5,495,800	5,495,800

【解　説】

整理記入欄で処理されている決算整理仕訳は，次の通りである。

1．現金不足額の処理（整理記入①）

（借）雑　損　失　　2,000　　（貸）現　　　　　金　　2,000

2．有価証券の評価損（整理記入②）

（借）有価証券評価損　　11,000　　（貸）有　価　証　券　　11,000

3．貸倒引当金の繰入（整理記入③）

（借）貸倒引当金繰入額　　4,200　　（貸）貸 倒 引 当 金　　4,200

※　内訳：（601,000円＋619,000円）×3％－32,400円＝4,200円

4．減価償却費の計上（整理記入④）

（借）経　　　　　費　　100,000　　（貸）機 械 装 置
減価償却累計額　　100,000

（借）減 価 償 却 費　　33,000　　（貸）備　　　品
減価償却累計額　　33,000

5．前払保険料の計上（整理記入⑤）

（借）前 払 保 険 料　　5,500　　（貸）保　　険　　料　　5,500

6．未収利息の計上（整理記入⑥）

（借）未　収　利　息　　3,300　　（貸）受　取　利　息　　3,300

7．完成工事原価の振替（整理記入⑦）

（1）　期末における原価要素の振替

（借）未成工事支出金　　2,800,000　　（貸）材　料　費　　890,000

労　務　費　　613,000

外　注　費　　650,000

経　　　費　　647,000

（2）　完成工事原価の振替

（借）完 成 工 事 原 価　　2,585,000　　（貸）未成工事支出金　　2,585,000

（参考）

未成工事支出金

前 期 繰 越	568,000	完 成 工 事 原 価	2,585,000
材　料　費	890,000	**次 期 繰 越**	**783,000**
労　務　費	613,000		
外　注　費	650,000		
経　　　費	647,000		
	3,368,000		3,368,000

第41回(令和4年度)検定試験

第1問

【解　答】

No.	借 方			貸 方		
	記号	勘 定 科 目	金 額	記号	勘 定 科 目	金 額
(例)	B	当 座 預 金	100,000	A	現 金	100,000
(1)	S	旅 費 交 通 費	50,000	D	仮 払 金	100,000
	A	現 金	50,000			
(2)	G	仮 受 金	500,000	L	未 成 工 事 受 入 金	500,000
(3)	Q	外 注 費	1,500,000	J	工 事 未 払 金	1,500,000
(4)	T	修 繕 維 持 費	330,000	B	当 座 預 金	500,000
	C	建 物	500,000	H	未 払 金	330,000
(5)	X	損 益	500,000	N	完 成 工 事 原 価	500,000

【解　説】

1. 仮払金は，該当する旅費交通費勘定へ振り替える。
2. 工事受注に関する前受金は，未成工事受入金勘定で処理する。
3. 下請業者への支払いは，外注費勘定で処理する。未払分は，工事未払金勘定を計上する。
4. 建物工事費用のうち改良費は，資本的支出として建物勘定で処理する。
5. 決算振替仕訳として，費用である完成工事原価は，損益勘定に振り替えなければならない。

第2問

【解　答】

完成工事原価報告書

（単位：円）

Ⅰ．材　料　費	563,000
Ⅱ．労　務　費	366,000
Ⅲ．外　注　費	468,000
Ⅳ．経　　　費	246,000
完成工事原価	1,643,000

【解　説】

原 価 計 算 表

（単位：円）

摘　　要	A工事		B工事		C工事	D工事	合　　計
	前期繰越	当期発生	前期繰越	当期発生	当期発生	当期発生	
材　料　費	(215,000)	100,000	(112,000)	(136,000)	88,000	(76,000)	(727,000)
労　務　費	95,000	(127,000)	(80,000)	64,000	(36,000)	86,000	488,000
外　注　費	180,000	100,000	90,000	(98,000)	88,000	78,000	634,000
経　　　費	90,000	78,000	40,000	38,000	38,000	(16,000)	300,000
合　　計	580,000	405,000	(322,000)	(336,000)	250,000	256,000	(2,149,000)
期末の状況	完　　成		完　　成		未　完　成	未　完　成	

＊　内訳

B工事前期繰越：902,000円（未成工事支出金勘定）－580,000円（A工事前期繰越）＝322,000円

1．材料費：(215,000円（A工事）＋100,000円)＋(112,000円（B工事）＋136,000円)＝563,000円

2．労務費：(95,000円＋127,000円)＋(80,000円＋ 64,000円)＝366,000円

3．外注費：(180,000円＋100,000円)＋(90,000円＋ 98,000円)＝468,000円

4．経　費：(90,000円＋ 78,000円)＋(40,000円＋ 38,000円)＝246,000円

第3問

【解答】

合計残高試算表

20×5年11月30日現在　　　　　　　（単位：円）

借　　方		勘　定　科　目	貸　　方	
残　　高	合　　計		合　　計	残　　高
516,000	1,803,000	現　　　　　金	1,287,000	
1,538,000	3,262,000	当　座　預　金	1,724,000	
632,000	2,194,000	受　取　手　形	1,562,000	
542,000	1,462,000	完成工事未収入金	920,000	
556,000	841,000	材　　　　　料	285,000	
850,000	850,000	機　械　装　置		
426,000	426,000	備　　　　　品		
	1,302,000	支　払　手　形	2,939,000	1,637,000
	671,000	工　事　未　払　金	1,473,000	802,000
	1,059,000	借　　入　　金	4,375,000	3,316,000
	989,000	未　成　工　事　受　入　金	2,233,000	1,244,000
		資　　本　　金	1,600,000	1,600,000
		完　成　工　事　高	3,794,000	3,794,000
2,316,000	2,316,000	材　　料　　費		
1,937,000	1,937,000	労　　務　　費		
887,000	887,000	外　　注　　費		
1,022,000	1,022,000	経　　　　　費		
1,051,000	1,051,000	給　　　　　料		
79,000	79,000	通　　信　　費		
41,000	41,000	支　払　利　息		
12,393,000	22,192,000		22,192,000	12,393,000

【解説】

20×5年11月16日から30日までの取引

16日	（借）経　　　　　費	30,000	（貸）現　　　　　金	30,000
17日	（借）現　　　　　金	400,000	（貸）未成工事受入金	400,000
18日	（借）材　　　　　料	186,000	（貸）工　事　未　払　金	186,000
21日	（借）当　座　預　金	380,000	（貸）完成工事未収入金	380,000

22日	（借）外　注　費	289,000	（貸）工 事 未 払 金	289,000
〃	（借）材　料　費	88,000	（貸）材　　　　料	88,000
23日	（借）労　務　費	256,000	（貸）現　　　　金	256,000
〃	（借）給　　　料	234,000	（貸）現　　　　金	234,000
25日	（借）当 座 預 金	480,000	（貸）受 取 手 形	480,000
27日	（借）経　　　費	87,000	（貸）現　　　　金	87,000
29日	（借）通　信　費	21,000	（貸）当 座 預 金	21,000
〃	（借）未成工事受入金	200,000	（貸）完 成 工 事 高	800,000
	（借）受 取 手 形	600,000		
30日	（借）工 事 未 払 金	360,000	（貸）支 払 手 形	360,000
〃	（借）当 座 預 金	545,000	（貸）借　入　金	550,000
	支 払 利 息	5,000		

第4問

【解　答】

a	b	c	d	e
イ	ス	カ	エ	オ

※　a・bは順不同

【解　説】

(1) 簿記上は，郵便為替証書や株式配当金領収証は，現金勘定で処理される。

(2) 固定資産の取得原価から残存価額を控除した金額が，減価償却による費用配分の対象になる。

(3) 企業の主たる営業活動による収益を営業収益と呼び，物品販売業では売上が，建設業では完成工事高が，この営業収益になる。

第5問

【解　答】

精　算　表

(単位：円)

勘定科目	残高試算表 借方	残高試算表 貸方	整理記入 借方	整理記入 貸方	損益計算書 借方	損益計算書 貸方	貸借対照表 借方	貸借対照表 貸方
現　　　　金	302,000			⑥　20,000			282,000	
当 座 預 金	548,000						548,000	
定 期 預 金	100,000						100,000	
受 取 手 形	500,000						500,000	
完成工事未収入金	800,000						800,000	
貸 倒 引 当 金		20,000		③　6,000				26,000
有 価 証 券	228,000			②　42,000			186,000	
未成工事支出金	480,000		④2,814,000	④2,890,000			404,000	
材　　　　料	253,000						253,000	
貸 付 金	487,000						487,000	
機 械 装 置	800,000						800,000	
機械装置減価償却累計額		312,000		①　58,000				370,000
備　　　　品	100,000						100,000	
備品減価償却累計額		21,000		①　18,000				39,000
支 払 手 形		454,000						454,000
工 事 未 払 金		589,000						589,000
借 入 金		698,000						698,000
未成工事受入金		167,000						167,000
資 本 金		1,800,000						1,800,000
完 成 工 事 高		3,823,000				3,823,000		
受 取 利 息		10,000		⑦　2,000		12,000		
材 料 費	754,000			④　754,000				
労 務 費	679,000			④　679,000				
外 注 費	806,000			④　806,000				
経　　　　費	517,000		①　58,000	④　575,000				
支 払 家 賃	147,000			⑤　8,000	139,000			
支 払 利 息	6,000		⑦　3,000		9,000			
その他の費用	387,000				387,000			
	7,894,000	7,894,000						
完成工事原価			④2,890,000		2,890,000			
貸倒引当金繰入額			③　6,000		6,000			
減 価 償 却 費			①　18,000		18,000			
有価証券評価損			②　42,000		42,000			
雑 損 失			⑥　20,000		20,000			
未 収 利 息			⑦　2,000				2,000	
未 払 利 息				⑦　3,000				3,000
前 払 家 賃			⑤　8,000				8,000	
			5,861,000	5,861,000	3,511,000	3,835,000	4,470,000	4,146,000
当期（純利益）					**324,000**			324,000
					3,835,000	3,835,000	4,470,000	4,470,000

【解　説】

整理記入欄で処理されている決算整理仕訳は，次の通りである。

1. 減価償却費の計上（整理記入①）

（借）経　　　　　費　　58,000　　（貸）機械装置減価償却累計額　　58,000

（借）減価償却費　　18,000　　（貸）備品減価償却累計額　　18,000

2. 有価証券の評価（整理記入②）

（借）有価証券評価損　　42,000　　（貸）有価証券　　42,000

※　内訳：228,000円－186,000円＝42,000円

3. 貸倒引当金の繰入（整理記入③）

（借）貸倒引当金繰入額　　6,000　　（貸）貸倒引当金　　6,000

※　内訳：(500,000円＋800,000円)×2％－20,000円＝6,000円

4. 完成工事原価の振替（整理記入④）

(1)　期末における原価要素の振替

（借）未成工事支出金　　2,814,000　　（貸）材　料　費　　754,000

労　務　費　　679,000

外　注　費　　806,000

経　　　費　　575,000

(2)　完成工事原価の振替

（借）完成工事原価　　2,890,000　　（貸）未成工事支出金　　2,890,000

(参考)

未成工事支出金

前　期　繰　越	480,000	完成工事原価	2,890,000
材　　料　　費	754,000	**次　期　繰　越**	**404,000**
労　　務　　費	679,000		
外　　注　　費	806,000		
経　　　　　費	575,000		
	3,294,000		3,294,000

5. 前払家賃の計上（整理記入⑤）

（借）前払家賃　　8,000　　（貸）支払家賃　　8,000

6. 現金勘定の修正（整理記入⑥）

（借）雑　損　失　　20,000　　（貸）現　　　金　　20,000

※　内訳：302,000円－282,000円＝20,000円

7. 未収利息・未払利息の計上（整理記入⑦）

（借）未収利息　　2,000　　（貸）受取利息　　2,000

（借）支払利息　　3,000　　（貸）未払利息　　3,000

第42回（令和5年度）検定試験

第1問

【解答】

No.	借 方			貸 方		
	記号	勘 定 科 目	金 額	記号	勘 定 科 目	金 額
（例）	B	当 座 預 金	100,000	A	現　　　　　金	100,000
(1)	L	未成工事受入金	600,000	M	完 成 工 事 高	1,500,000
	A	現　　　　　金	900,000			
(2)	E	材　　　　　料	820,000	D	受 取 手 形	800,000
				A	現　　　　　金	20,000
(3)	R	外 注 費	3,000,000	B	当 座 預 金	2,000,000
				J	当 座 借 越	1,000,000
(4)	H	工 事 未 払 金	62,000	Q	材 料 費	62,000
(5)	F	貸 倒 引 当 金	500,000	C	完成工事未収入金	600,000
	U	貸 倒 損 失	100,000			

【解説】

1. 前受金600,000円は，未成工事受入金で処理されており，今回の受取額900,000円との合計額を完成工事高勘定に計上する。

2. 約束手形の裏書は，受取手形勘定のマイナスとして処理する。また，材料購入時の諸費用は，材料勘定に加算しなければならない。

3. 当座預金残高を超えての小切手振出しは，残高不足分を負債の当座借越勘定で処理する。

4. 現場搬入分の材料は，すでに材料費勘定に計上されており，この品質不良による値引分は，材料費勘定をマイナスすればよい。

5. 前期分の完成工事未収入金の貸倒は，貸倒引当金勘定を取り崩すことになるが，不足するときは貸倒損失勘定を計上する。

第2問

【解　答】

完成工事原価報告書

（単位：円）

Ⅰ．材　料　費	611,030
Ⅱ．労　務　費	362,190
Ⅲ．外　注　費	299,200
Ⅳ．経　　　　費	112,550
完成工事原価	1,384,970

【解　説】

原　価　計　算　表

（単位：円）

摘　要	A工事		B工事	C工事	合　計
	前期分	当期分	当期分	当期分	
材　料　費	185,320	85,500	340,210	523,750	1,134,780
労　務　費	(155,200)	(52,660)	154,330	136,250	498,440
外　注　費	83,220	(45,780)	(170,200)	230,990	530,190
経　　　費	(41,000)	12,990	58,560	(69,080)	181,630
合　　　計	(464,740)	196,930	723,300	(960,070)	(2,345,040)
備　　　考	完　成		完　成	未完成	

1．材料費：(185,320円 + 85,500円) + 340,210円 = 611,030円
　　　　　　　　　Ａ工事　　　　　　　　Ｂ工事

2．労務費：(155,200円 + 52,660円) + 154,330円 = 362,190円

3．外注費：(83,220円 + 45,780円) + 170,200円 = 299,200円

4．経　費：(41,000円 + 12,990円) + 58,560円 = 112,550円

第3問

【解　答】

合計残高試算表
20×6年11月30日現在　　　　　　（単位：円）

借　方　残　高	借　方　合　計	勘 定 科 目	貸　方　合　計	貸　方　残　高
947,000	2,020,000	現　　　　　金	1,073,000	
221,000	2,806,000	当 座 預 金	2,585,000	
40,000	1,320,000	受 取 手 形	1,280,000	
1,050,000	1,830,000	完成工事未収入金	780,000	
937,000	1,280,000	材　　　　料	343,000	
1,392,000	1,392,000	車 両 運 搬 具		
198,000	198,000	備　　　　品		
	2,040,000	支 払 手 形	2,230,000	190,000
	672,000	工 事 未 払 金	1,688,000	1,016,000
	1,430,000	借　入　金	3,912,000	2,482,000
	1,231,000	未 成 工 事 受 入 金	2,510,000	1,279,000
		資　本　金	2,220,000	2,220,000
		完 成 工 事 高	3,980,000	3,980,000
1,590,000	1,590,000	材　料　費		
2,012,000	2,012,000	労　務　費		
868,000	868,000	外　注　費		
653,000	653,000	経　　　費		
1,040,000	1,040,000	給　　　料		
159,000	159,000	支 払 家 賃		
60,000	60,000	支 払 利 息		
11,167,000	22,601,000		22,601,000	11,167,000

【解　説】

20×6年11月16日から11月30日までの取引

16日	（借）	支 払 家 賃	97,000	（貸）	当 座 預 金		97,000
17日	（借）	材　料　費	140,000	（貸）	材　　　料		140,000
18日	（借）	当 座 預 金	300,000	（貸）	受 取 手 形		300,000
21日	（借）	当 座 預 金	580,000	（貸）	未成工事受入金		580,000

22日	(借)	外 注 費	240,000		(貸)	工 事 未 払 金	240,000	
〃	(借)	完成工事未収入金	600,000		(貸)	完 成 工 事 高	1,000,000	
		未成工事受入金	400,000					
23日	(借)	労 務 費	430,000		(貸)	現 金	430,000	
〃	(借)	給 料	260,000		(貸)	現 金	260,000	
25日	(借)	支 払 手 形	360,000		(貸)	当 座 預 金	360,000	
27日	(借)	経 費	23,000		(貸)	現 金	23,000	
29日	(借)	材 料	470,000		(貸)	工 事 未 払 金	470,000	
〃	(借)	現 金	300,000		(貸)	完成工事未収入金	300,000	
30日	(借)	借 入 金	400,000		(貸)	当 座 預 金	650,000	
		工 事 未 払 金	250,000					
〃	(借)	支 払 利 息	18,000		(貸)	当 座 預 金	18,000	

第4問

【解 答】

a	b	c	d	e
オ	イ	カ	ス	サ

【解 説】

(1) 受取利息は，損益計算書においては収益として貸方に計上され，前受利息は，貸借対照表では負債として貸方に計上される。

(2) 固定資産の修繕を行った場合に，現状回復のための支出は，収益的支出として費用である修繕費として処理する。しかし，耐用年数延長等の固定資産の価値が上がったことによる支出は，資本的支出として対象となった固定資産勘定をプラスすることになる。

(3) 売上債権である完成工事未収入金の回収可能見積額は，期末債権残高から貸倒引当金をマイナスした金額である。

第5問

【解 答】

精 算 表

(単位：円)

勘定科目	残高試算表 借方	残高試算表 貸方	整理記入 借方	整理記入 貸方	損益計算書 借方	損益計算書 貸方	貸借対照表 借方	貸借対照表 貸方
現 金	382,000						382,000	
現 金 過 不 足	500			① 500				
当 座 預 金	130,000						130,000	
受 取 手 形	660,000						660,000	
完成工事未収入金	730,000						730,000	
貸 倒 引 当 金		20,500		③ 21,200				41,700
有 価 証 券	218,000			④ 15,000			203,000	
未成工事支出金	530,000		⑦2,499,000	⑦2,369,000			660,000	
材 料	246,000						246,000	
貸 付 金	329,000						329,000	
機 械 装 置	800,000						800,000	
機械装置減価償却累計額		216,000		② 72,000				288,000
備 品	320,000						320,000	
備品減価償却累計額		64,000		② 16,000				80,000
支 払 手 形		825,000						825,000
工 事 未 払 金		739,000						739,000
借 入 金		902,000						902,000
未成工事受入金		171,000						171,000
資 本 金		1,700,000						1,700,000
完 成 工 事 高		2,619,000				2,619,000		
受 取 利 息		30,000				30,000		
材 料 費	811,000			⑦ 811,000				
労 務 費	433,000			⑦ 433,000				
外 注 費	772,000			⑦ 772,000				
経 費	411,000		② 72,000	⑦ 483,000				
保 険 料	132,000			⑤ 10,000	122,000			
支 払 利 息	8,000		⑥ 13,000		21,000			
その他の費用	374,000				374,000			
	7,286,500	7,286,500						
完 成 工 事 原 価			⑦2,369,000		2,369,000			
貸倒引当金繰入額			③ 21,200		21,200			
減 価 償 却 費			② 16,000		16,000			
有価証券評価損			④ 15,000		15,000			
雑 損 失			① 500		500			
未 払 利 息				⑥ 13,000				13,000
前 払 保 険 料			⑤ 10,000				10,000	
			5,015,700	5,015,700	2,938,700	2,649,000	4,470,000	4,759,700
当 期 (純損失)						289,700	289,700	
					2,938,700	2,938,700	4,759,700	4,759,700

【解 説】

整理記入欄で処理されている決算整理仕訳は，次の通りである。

1．現金過不足の処理（整理記入①）

| （借）雑　損　失 | 500 | （貸）現 金 過 不 足 | 500 |

2．減価償却費の計上（整理記入②）

| （借）経　　　費 | 72,000 | （貸）機 械 装 置
減価償却累計額 | 72,000 |
| （借）減 価 償 却 費 | 16,000 | （貸）備　　　品
減価償却累計額 | 16,000 |

3．貸倒引当金の繰入（整理記入③）

| （借）貸倒引当金繰入額 | 21,000 | （貸）貸 倒 引 当 金 | 21,000 |

※　内訳：(660,000円＋730,000円)×3％－20,500円＝21,200円

4．有価証券の評価（整理記入④）

| （借）有価証券評価損 | 15,000 | （貸）有 価 証 券 | 15,000 |

※　内訳：218,000円－203,000円＝15,000円

5．前払保険料の計上（整理記入⑤）

| （借）前 払 保 険 料 | 10,000 | （貸）保　険　料 | 10,000 |

6．未払利息の計上（整理記入⑥）

| （借）支 払 利 息 | 13,000 | （貸）未 払 利 息 | 13,000 |

7．完成工事原価の振替（整理記入⑦）

(1)　期末における原価要素の振替

（借）未成工事支出金	2,499,000	（貸）材　料　費	811,000
		労　務　費	433,000
		外　注　費	772,000
		経　　　費	483,000

(2)　完成工事原価の振替

| （借）完 成 工 事 原 価 | 2,369,000 | （貸）未成工事支出金 | 2,369,000 |

(参考)

未成工事支出金

前 期 繰 越	530,000	完 成 工 事 原 価	2,369,000
材　料　費	811,000	**次 期 繰 越**	**660,000**
労　務　費	433,000		
外　注　費	772,000		
経　　　費	483,000		
	3,029,000		3,029,000

建設業経理事務士
3級出題傾向と対策〔令和7年受験用〕

1998年 2 月 1 日　初　版　発　行
2024年 7 月 1 日　令和 7 年受験用発行

編　者　税務経理協会
発行者　大坪　克行
発行所　株式会社税務経理協会
　　　　〒161-0033東京都新宿区下落合1丁目1番3号
　　　　http://www.zeikei.co.jp
　　　　03-6304-0505
印　刷　税経印刷株式会社
製　本　牧製本印刷株式会社

 本書についての
ご意見・ご感想はコチラ

http://www.zeikei.co.jp/contact/

ISBN 978-4-419-07223-0　C3034